ISW Forschung und Praxis

Berichte aus dem Institut für Steuerungstechnik
der Werkzeugmaschinen und Fertigungseinrichtungen
der Universität Stuttgart

Herausgeber: Prof. Dr.-Ing. Dr. h.c. G. Pritschow

Band 102

Wolfgang Hofmeister

Objektorientiert strukturiertes Programmiersystem für NC-Mehrschlittendrehmaschinen

Springer-Verlag
Berlin Heidelberg GmbH 1994

ISBN 978-3-540-58367-7 ISBN 978-3-662-09033-6 (eBook)
DOI 10.1007/978-3-662-09033-6

Ursprünglich erschienen bei Springer-Verlag Berlin Heidelberg New York 1994

Gesamtherstellung: Druckerei Kuhnle, Esslingen
SPIN: 10478132 62/3020-543210

Geleitwort des Herausgebers

In der Reihe „ ISW Forschung und Praxis“ wird fortlaufend über Forschungsergebnisse des Instituts für Steuerungstechnik der Werkzeugmaschinen und Fertigungseinrichtungen der Universität Stuttgart (ISW) berichtet, das sich in vielfältiger Form mit der Weiterentwicklung des Systems Werkzeugmaschine und anderer Fertigungseinrichtungen beschäftigt. Die Arbeiten dieses Instituts konzentrieren sich im besonderen auf die Bereiche Numerische Steuerungen, Prozeßrechnereinsatz in der Fertigung, Industrierobotertechnik sowie Meß-, Regel- und Antriebssysteme, also auf die aktuellsten Bereiche der Fertigungstechnik. Dabei stehen Grundlagenforschung und anwenderorientierte Entwicklung in einem stetigen Austausch, wodurch ein ständiger Technologietransfer zur Praxis sichergestellt wird.

Die Buchreihe erscheint in zwangloser Folge und stützt sich auf Berichte über abgeschlossene Forschungsarbeiten und Dissertationen. Sie soll dem Ingenieur bei der Weiterbildung dienen und ihm Hilfestellungen zur Lösung spezifischer Probleme geben. Für den Studierenden bietet sie eine Möglichkeit zur Wissensvertiefung. Sie bleibt damit unter erweitertem Namen und neuer Herausgeberschaft unverändert in der bewährten Konzeption, die ihr der Gründer des ISW, der leider allzu früh verstorbene Prof. Dr.-Ing. G. Stute, im Jahre 1972 gegeben hat.

Der Herausgeber dankt der Druckerei für die drucktechnische Betreuung und dem Springer-Verlag für Aufnahme der Reihe in sein Lieferprogramm.

G. Pritschow

Vorwort

Die vorliegende Arbeit entstand während meiner Tätigkeit als wissenschaftlicher Mitarbeiter am Institut für Steuerungstechnik der Werkzeugmaschinen und Fertigungseinrichtungen (ISW) der Universität Stuttgart.

Mein besonderer Dank gilt Herrn Prof. Dr.-Ing. A. Storr für seine Unterstützung und seine kritischen Anregungen bei der Erstellung dieser Arbeit sowie für die Übernahme des Hauptberichts. Ebenso danke ich Herrn Prof. Dr.-Ing. G. Pritschow, dem Leiter des Instituts, für die Förderung der Forschungsarbeiten, die Grundlage dieser Arbeiten sind.

Für die Übernahme des Mitberichts danke ich Herrn Prof. Dr.-Ing. habil. H.-J. Bullinger.

Danken möchte ich auch allen Mitarbeitern und Studenten des Instituts, insbesondere den Kollegen der Gruppe "Fertigungstechnische Programmiersysteme", die mit zum Gelingen dieser Arbeit beigetragen haben.

Wolfgang Hofmeister

Inhaltsverzeichnis

Abkürzungsverzeichnis

C	Höhere imperative Programmiersprache.
C++	Höhere objektorientierte Programmiersprache.
CAD	Computer Aided Design - Synonym für den Rechnereinsatz in der Konstruktion.
CLDATA	Cutter Location Data - Werkzeugspitzenpositionsdaten.
CNC	Computerized Numerical Control; numerische Steuerung.
FORTRAN	Höhere imperative Programmiersprache.
IGES	Initial Graphics Exchange Specification; Schnittstelle für den Geometriedatenaustausch.
OOP	Objektorientierte Programmierung.
VDA	Verband der deutschen Automobilindustrie.
VDAFS	VDA-Flächenschnittstelle; Schnittstelle für den Austausch von Freiformflächen.
WZM	Werkzeugmaschine.
WZT	Werkzeugträger.

Symbole und Formelzeichen

AM	Aufmaß
AN	Alphanumerische Darstellung (von Sätzen)
AS	Arbeitsschritt
BA	Bearbeitungsabschnitt
BAP	Bearbeitungsablaufprogramm
BE	Bearbeitungseinheit
BG	Baugruppe
D	Durchmesser
dt	Zeitdifferenz
f	Vorschub
FG	Synchronisationsfreigabe
f_n	Vorschub in Abhängigkeit von der Drehzahl
f(...)	Funktion von ...
HS	Hauptspindel
L	Länge
Lt	Liegezeit
M	Maschine
n	Drehzahl

NC-E	NC-Einheit
PR	Bearbeitungsprogramm
r	Radius
RID	Rechnerinterne Darstellung
S	Schachtelungstiefe
SE	Bearbeitungssatzelement
SH	Synchronisationshalt
SS	Synchronspindel
ST	Spantiefe
SYN	Synchronisationsangabe
SZ	Bearbeitungssatz
t	Zeit
v	Schnittgeschwindigkeit
v_c	Konstante Schnittgeschwindigkeit
v_f	Vorschubgeschwindigkeit
ZD	Zustandsdaten

1 Einleitung und Problemstellung

Der Übergang von der Serien- zur auftragsbezogenen Fertigung führte in den vergangenen Jahren zu neuen Werkzeugmaschinen wie CNC-Mehrschlitten- und CNC-Mehrspindeldrehmaschinen /1,2/. Mehrschlittendrehmaschinen verfolgen als wesentliches Ziel die Komplettbearbeitung und ermöglichen z.B. auch Bohr- und Fräsbearbeitungen sowie parallele Bearbeitung. Sie erfüllen Forderungen nach kurzen Rüst-, Liege- und damit Herstell- und Lieferzeiten. In Bild 1.1 ist zur Verdeutlichung der Arbeitsraum einer CNC-Mehrschlittendrehmaschine aufgeführt, die mit fünf Werkzeugschlitten oder -trägern ausgerüstet ist. Diese können gleichzeitig Bearbeitungsoperationen ausführen.

Den zu erzielenden Vorteilen stehen oft Nachteile, wie z.B. lange Einfahrzeiten von neuen Werkstücken und unzureichend optimierte NC-Programme gegenüber. Verantwortlich sind die unflexible Vorgehensweise und nicht ausreichend gegebene Funktionalität herkömmlicher NC-Programmiersysteme, die zu wenige Informationen über die Korrektheit der eingegebenen Bearbeitungsprogramme bereitstellen. Unzureichende Kontrollmöglichkeiten für die Programmierung paralleler Bearbeitungsvorgänge sind

Bild 1.1: Arbeitsraum einer Mehrschlittendrehmaschine mit fünf Werkzeugschlitten /3/

insbesondere bezüglich der folgenden Punkte vorhanden:

- Zuordnung der Bearbeitungsvorgänge zu den Werkzeugträgern.
- Zeitlicher Ablauf der parallelen Bearbeitungsvorgänge.
- Technologische Verträglichkeit.
- Geometrische Kollisionen im Arbeitsraum.
- Synchronisation paralleler Bearbeitungsvorgänge.

Verbesserungen sind jedoch weniger durch eine weitgehende Automatisierung bei der Erstellung der Fertigungsunterlagen (Quellprogramme, Spannskizzen, etc.) zu sehen. Vielmehr zeigt sich in der industriellen Praxis, daß automatisierte Planungsabläufe bei komplexen Teilen sehr oft zu unzureichenden, wenn nicht gar unzulässigen Ergebnissen führen. Der NC-Programmierer benötigt leistungsfähige Unterstützung, die seinen Handlungsspielraum bei der Festlegung des Bearbeitungsablaufs auf der Maschine nicht einengt und die Generierung eines optimierten Fertigungsprogramms erlaubt /4,5/. Es gilt insbesondere, Schwierigkeiten bzgl. der Aufteilung paralleler Bearbeitungsabläufe auf die beteiligten Werkzeugträger zu vermindern, da hierbei Unverträglichkeiten verschiedener Art auftreten können. Vereinzelt werden bereits Funktionsbausteine mit einfachen Unterstützungsmöglichkeiten zur 2x2-Achsenbearbeitung, d.h. bei zwei Werkzeugschlitten, angeboten /6/. Zur Erstellung optimierter NC-Programme sollten diese Unterstützungsmöglichkeiten jedoch bereits in der Phase der Programmerstellung integraler Bestandteil eines NC-Programmiersystems sein. Dies betrifft sowohl die Teileprogrammerstellung, die Teileprogrammverarbeitung als auch die integrierte Einbeziehung der rechnerunterstützten Bearbeitungssimulation zur Abbildung der Bearbeitungsvorgänge.

Verarbeitungsprogramme (Processor und Postprocessoren) von NC-Programmiersystemen wurden bisher nahezu ausschließlich mit imperativen Programmiersprachen /7/ geschrieben. Durch die bei diesen Programmiersprachen fehlende Integration zusammengehöriger Daten und Methoden ist die Erweiterung der bestehenden Funktionalität bezüglich der Anforderungen der neuen Maschinen sehr schwierig und aufwendig. Ebenso steigt bei wachsendem Funktionsumfang der Softwareprodukte der Anteil des Wartungsaufwands gegenüber demjenigen für Weiterentwicklung stark an /8/. Dieser Problemstellung soll durch Einsatz der objektorientierten Programmierung (OOP) begegnet werden.

2 Stand der Technik

Zu Beginn der Entwicklung von NC-Werkzeugmaschinen wurden diese meist streng orientiert nach Fertigungsverfahren gebaut. Um mehrere Werkzeuge während einer Werkstückspannung zum Einsatz zu bringen, wurden Drehmaschinen mit Revolverschlitten ausgerüstet. Neue CNC-Maschinen verwischten im folgenden immer mehr die starren Grenzen zwischen den einst auf unterschiedliche Fertigungsverfahren ausgerichteten NC-Werkzeugmaschinen /9,10/.

2.1 Neue CNC-Maschinenentwicklungen bei Drehmaschinen

Bild 2.1 faßt Erweiterungen der Maschinenfunktionalität zusammen. Sie wurden zur Erfüllung von unterschiedlichen Zielsetzungen entsprechend Bild 2.2 realisiert.

Die erste Zielsetzung, die **Integration zusätzlicher Fertigungsverfahren**, basiert hauptsächlich auf dem Einsatz angetriebener Werkzeuge in Verbindung mit einer stetig verstellbaren Spindel. Dies erlaubt zusätzlich zu den Drehbearbeitungsmöglichkeiten die

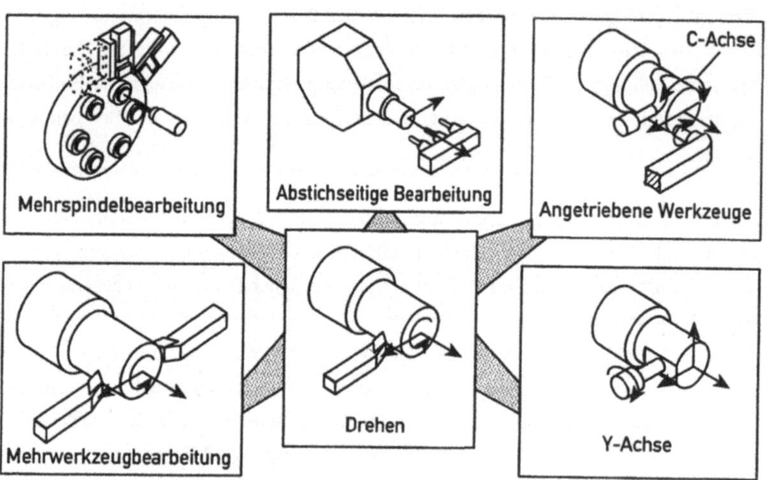

Bild 2.1: Neue Maschinenentwicklungen

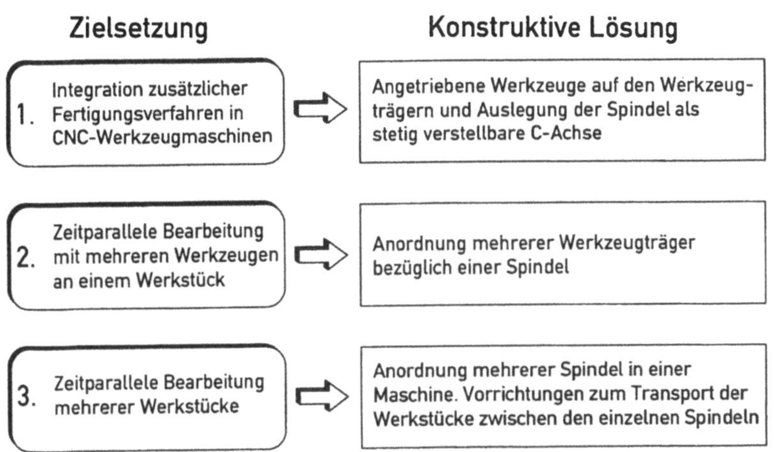

Bild 2.2: Zielsetzungen neuer CNC-Maschinenentwicklungen

Fertigung einer Vielzahl von räumlichen Konturen /11/ und stellt damit die Grundlage für eine Komplettbearbeitung dar /12,13/. Die Unterstützung der Programmierung dieser Maschinen ist nicht Inhalt dieser Arbeit. Sie ist jedoch bei der Konzepterarbeitung als Randbedingung zu berücksichtigen.

Die zweite Zielsetzung umfaßt die Erweiterung der Maschinenfunktionen durch den **Einsatz mehrerer Werkzeugträger**. Dies ermöglicht die zeitlich parallele Bearbeitung durch mehrere Werkzeuge am selben Werkstück oder zumindest Werkzeugwechsel und Anstellbewegungen während der Bearbeitung mit einem anderen Werkzeugträger. Die Anzahl der zur Bearbeitung des Werkstücks verfügbaren Werkzeuge steigt an /14/.

Eine weiteres Maschinenkonzept, welches die dritte Zielsetzung erfüllt, wurde realisiert, indem das Fertigungsprinzip konventioneller kurvengesteuerter Mehrspindeldrehautomaten auf NC-Mehrspindeldrehautomaten übertragen wurde. Ein sequentieller Bearbeitungsablauf wird in möglichst gleich lange Abschnitte unterteilt, und diese werden jeweils in einer Spindellage einer Mehrspindeldrehmaschine gefertigt. Die Maschine bearbeitet damit gleichzeitig so viele Werkstücke, wie Spindeln im Einsatz sind. Die Taktzeit (Zeitdauer zwischen der Fertigstellung zweier Werkstücke auf einer Maschine)

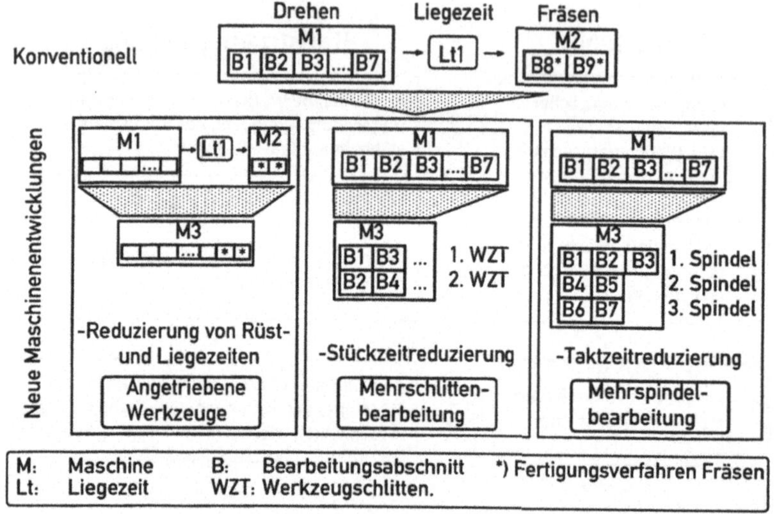

Bild 2.3: Maschinenentwicklungen zur Reduzierung der Stückzeit und zur Komplettbearbeitung

vermindert sich in etwa umgekehrt proportional zur Anzahl eingesetzter Spindeln (in der Regel maximal 6 Spindeln).

Die abstichseitige Bearbeitung von Werkstücken stellt eine Variante dieser Maschinenentwicklung dar (s. Bild 2.1). Werkstücke, die bisher zur Fertigbearbeitung mehrmals aufgespannt werden mußten, können damit in der Maschine in einem Vorgang komplett bearbeitet werden. Kennzeichnend ist, daß meist eine Synchronspindel auf einem der Werkzeugschlitten zur Aufnahme des Werkstücks verwendet wird.

Bild 2.3 zeigt in einer Zusammenfassung die Auswirkungen der genannten Maschinenentwicklungen. In der oberen Ebene ist ein konventioneller Fertigungsablauf dargestellt, bei dem ein Werkstück mit zwei herkömmlichen NC-Werkzeugmaschinen gefertigt wird. Durch den Einsatz angetriebener Werkzeuge ist es möglich, alle notwendigen Bearbeitungen am Werkstück in einer Maschine vornehmen zu können, soweit dies das Leistungsvermögen der Maschine zuläßt. Durch Mehrschlittenbearbeitung kann die Stückzeit mittels zeitlich parallel ablaufender Bearbeitungsabschnitte verringert werden. Die Mehrspindelbearbeitung führt zusätzlich zu einer Reduzierung der Taktzeit und erlaubt über die abstichseitige Bearbeitung mit Synchronspindel die Komplettbearbeitung des Werkstücks. Der kombinierte Einsatz der genannten Konzepte in einer Maschine wurde bisher in der Praxis allerdings noch nicht realisiert.

2.2 Programmierung neuer Maschinenentwicklungen

Zur Programmierung des Arbeitsablaufs der neuen CNC-Maschinen wurden die NC-Programmiersprachen und die zugehörigen Verarbeitungsprogramme erweitert. Der Stand der Technik sowie generelle Problemstellungen und notwendige Erweiterungen werden im folgenden näher erläutert.

2.2.1 Entwicklungsstand bei NC-Programmiersystemen

Bei NC-Programmiersystemen wird der Bearbeitungsablauf in einer problemorientierten Programmiersprache in Quell- oder Teileprogrammen beschrieben, mit denen eine einheitliche Programmierung unterschiedlicher Werkzeugmaschinen möglich ist /15,16,17/. Die Teileprogramme sind in Form sequentieller Dateien aufgebaut. Für die Programmierung verschiedener Werkzeugträger wird nur **ein Teileprogramm** erstellt, in dem die Bearbeitungsvorgänge den Werkzeugträgern zugeordnet werden. Den Aufbau eines Teileprogramms mit syntaktischer Verknüpfung von Geometrie und Technologie zeigt Bild 2.4. Ein Übersicht über in Teileprogrammen enthaltene Informationen in Form von Anweisungen ist in Bild 2.5 aufgeführt. Für die neuen Maschinenentwicklungen werden die notwendigen Erweiterungen dargestellt. Besonders hervorzuheben sind die Erweiterungen für mehrere Werkzeugträger und Spindeln. Für diese werden Initialisierungs- und Anwahlfunktionen angeboten. Zusätzlich ist die Definition von **Synchronisationen zwischen Werkzeugträgern mit verschiedenen Synchronisationsverfahren** erforderlich.

Einen typischen Aufbau eines NC-Programmiersystems zeigt Bild 2.6. Kennzeichnend ist die Aufteilung der **Teileprogrammverarbeitung** in eine maschinenunabhängige Verarbeitung im Processor und eine maschinenabhängige im Postprocessor /19/. Processor und Postprocessoren werden dabei als getrennte Funktionsbausteine nacheinander durchlaufen und besitzen als Schnittstelle die CLDATA /20/. Nachteilig an der getrennten Verarbeitung von Teileprogramm und CLDATA ist, daß in den Programmiersystemen die meisten Kontrollermittlungen, wie z.B. die Berechnung der Zeiten für die Bearbeitungsvorgänge, entweder nicht oder auf Basis CLDATA ohne Berücksichtigung ma-

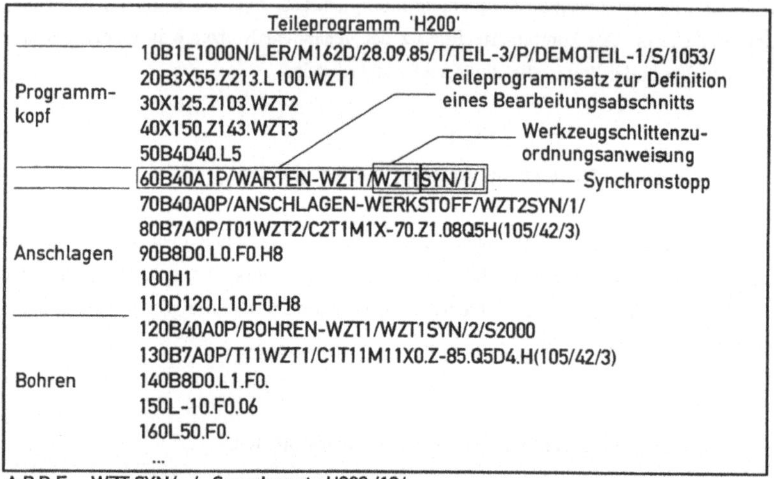

Teileprogramm 'H200'

Programm-kopf	10B1E1000N/LER/M162D/28.09.85/T/TEIL-3/P/DEMOTEIL-1/S/1053/
	20B3X55.Z213.L100.WZT1
	30X125.Z103.WZT2
	40X150.Z143.WZT3
	50B4D40.L5
	60B40A1P/WARTEN-WZT1/WZT1SYN/1/
Anschlagen	70B40A0P/ANSCHLAGEN-WERKSTOFF/WZT2SYN/1/
	80B7A0P/T01WZT2/C2T1M1X-70.Z1.08Q5H(105/42/3)
	90B8D0.L0.F0.H8
	100H1
	110D120.L10.F0.H8
Bohren	120B40A0P/BOHREN-WZT1/WZT1SYN/2/S2000
	130B7A0P/T11WZT1/C1T11M11X0.Z-85.Q5D4.H(105/42/3)
	140B8D0.L1.F0.
	150L-10.F0.06
	160L50.F0.
	...

Teileprogrammsatz zur Definition eines Bearbeitungsabschnitts

Werkzeugschlittenzuordnungsanweisung

Synchronstopp

A,B,D,E,...,WZT,SYN/.../: Sprachworte H200 /18/

Bild 2.4: Teileprogrammanweisungen in der NC-Programmiersprache H200 /18/

schinen- und steuerungsspezifischer Eigenheiten durchgeführt werden. Hierfür muß ein zusätzlicher Postprocessorlauf erfolgen, der zeitaufwendig ist, als Ergebnis jedoch NC-Steuerdaten und unter maschinen- und steuerungsspezifischen Gesichtspunkten annäherungsweise berechnete Zeiten sowie Meldungen über eventuell erkannte Unverträglichkeiten liefert. Die eingesetzten Algorithmen entsprechen in der Regel noch nicht den Anforderungen der neuen Maschinenentwicklungen. Auch sind Rückbezüge fehlerbehafteter NC-Sätze auf die zugrundeliegenden Teileprogrammsätze in dieser Form nur mühsam zu vollziehen und zeitaufwendig. Eine Lösung ist in Form einer **integrierten Verarbeitung des Teileprogramms über Processor und Postprocessor** zu berücksichtigen.

Als Ergebnis der Teileprogrammverarbeitung werden NC-Steuerdaten (NC-Programme) nach DIN 66025 /15/ erzeugt. Dabei wird der gesamte Bearbeitungsablauf meistens in mehrere NC-Programme aufgeteilt, die in der Werkzeugmaschinensteuerung durch NC-Einheiten meist zeitlich parallel verarbeitet werden. Eine NC-Einheit wird definiert als Funktionsbaustein einer Steuerung, die die Achsen eines Werkstück- und eines Werkzeugträgers und eventuell weiterer zugeordneter Maschinenelemente, wie z.B. des Reitstocks, ansteuert.

Funktion	PS	GS	2-A	2x2	n-A	MS
Initialisierung						
- Teileprogramminitialisierung	x	x	x	x	x	x
- Nullpunktverschiebung	x	x	x	x	x	x
- Werkzeugschaltpunkte festlegen	x	x	x	x	x	x
- Teileprogrammende	x	x	x	x	x	x
- Werkzeugträgerspez. Initialisierung					x	x
- Spindelspezifische Initialisierung						x
Bearbeitungsabschnittsdefinition						
- Benennung	x	x	x	x	x	x
- Werkzeugträgeranwahl				x	x	x
- Spindelanwahl						x
Werkzeugdefinition und -aufruf						
- Definition mit Position und Korrekturwerten	x	x	x	x	x	x
- Aufruf mit Position und Korrekturwerten	x	x	x	x	x	x
- Spindeldrehzahl bei angetriebenen Werkzeugen	x	x				
Bearbeitungsebenenanwahl						
- Axiale Bearbeitung mit Rund-oder Linearachse		x				
- Radiale, tangentiale Bearbeitung		x				
- Y-Achsen-Bearbeitung		x				
Geometrie- und Verfahrwegdefinition						
- Gerade, Kreis, Konturzug, Äquidistante	x	x	x	x	x	x
- Unterschiedliche Eingabekoordinatensysteme		x				
Technologieunterstützung						
- Schnittwertermittlung	x	x	x	x	x	x
Bearbeitungszyklen aufrufen						
- Drehzyklen (Abspan-, Bohr- ,Zentrierzyklen,...)	x	x	x	x	x	x
- Zyklen für angetriebene Werkzeuge						
(Außermittige Bohrung, Querbohrung)	x	x				
(Nuten, Bohrmuster, etc.)		x				
Synchronisationsdefinition						
- Beidseitige Synchronisationen				x	x	x
- Ein- und beidseitige Synchronisationen					x	x
Definition spindelspezifischer Angaben						
- Drehzahlvorgabe	x	x	x	x	x	x
- Punktsteuerung (Ausrichtung)	x	x				
- Stetig verstellbare C-Achse		x				

PS: Positionierbare Spindel
GS: Stetig verstellbare C-Achse
2-A: 2-Achsenbearbeitung
2x2: 2x2-Achsenbearbeitung
n-A: Mehrachsenbearbeitung
MS: Mehrspindelbearbeitung

Bild 2.5: Notwendige Informationen zur NC-Programmierung unter Berücksichtigung der neuen CNC-Maschinenentwicklungen

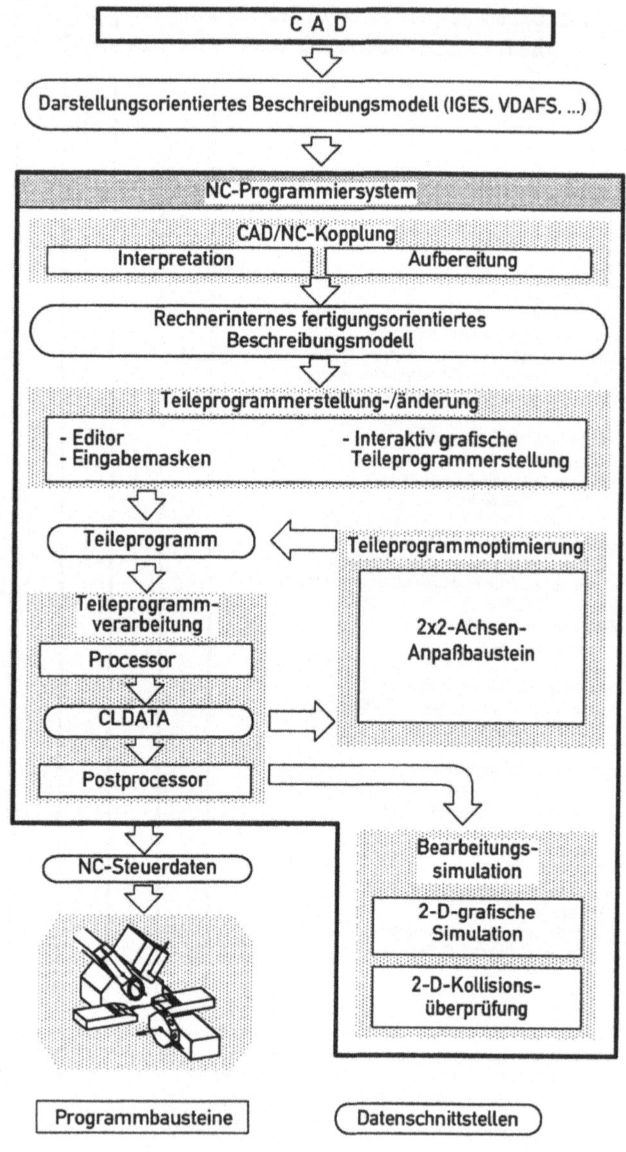

Bild 2.6: Aufbau eines NC-Programmiersystems

Zur Übernahme von rechnerintern über CAD (Computer Aided Design) erstellten Werkstückdarstellungen werden Bausteine zur **CAD/NC-Kopplung** eingesetzt, die zum einen Werkstückdaten über standardisierte oder systemspezifische Schnittstellen übernehmen können und zum anderen Aufbereitungsfunktionen bereitstellen, um die darstellungsorientierten Beschreibungsmodelle in fertigungsorientierte überzuführen /21,22,23,24,25/.

Als Erstellungswerkzeuge für die Teileprogramme sind hauptsächlich **Editoren** oder interaktive Oberflächen mit Maskenunterstützung /26,27,28/ im Einsatz. Das Teileprogramm ist sequentiell aufgebaut und wird entsprechend **bearbeitungsablauforientiert** erstellt. Unterstützung zum Visualisieren und zum Aufteilen des Bearbeitungsablaufs auf die einzelnen Werkzeugträger steht dabei nicht zur Verfügung. Im Rahmen der Erweiterung von NC-Programmiersystemen für die Mehrwerkzeugbearbeitung sind hierfür Lösungsmöglichkeiten vorzusehen.

Zur Verifikation der Teileprogramme sind Kontrollfunktionalitäten in Form einer Bearbeitungssimulation erforderlich. Funktionen einer Bearbeitungssimulation können sein:

- Zeitberechnung,
- grafische Simulation,
- geometrische Kollisionserkennung,
- technologische Kollisionserkennung,
- Rohteilaktualisierung, etc.

Um aussagekräftige Ergebnisse zu erhalten, müssen die Überprüfungsverfahren den **Fertigungsprozeß** möglichst exakt **abbilden**, da das reale Prozeßumfeld, wie Steuerung und Werkzeugmaschine, nicht ausreichend in das NC-Programmiersystem eingebunden ist. Diese Forderungen erfüllen NC-Programmiersysteme derzeit nur eingeschränkt. Angeboten werden Möglichkeiten zur **Erkennung von geometrischen Kollisionen** /29,30/, wie die grafische Darstellung der Verfahrwege, oder die grafische **Simulation** der Bearbeitung, bei der Werkstück und Rohteil in Verbindung mit bewegten Werkzeugen auf dem Bildschirm abgebildet werden /31,32,33/. Eine **rechnerinterne Überprüfung auf Kollisionen** ist nur vereinzelt realisiert. Steuerungs- und maschinenspezifische Eigenschaften werden bei diesen Funktionsbausteinen nur sehr eingeschränkt oder überhaupt nicht berücksichtigt, da die Nachbildung auf Basis der maschinenunabhängigen CLDATA durchgeführt wird. Hier ist ein stärkerer Einbezug von Postprocessorfunktionalitäten gefordert, um steuerungs- und maschinenspezifische Eigenschaften zu berücksichtigen.

Bezüglich der **Optimierung** der erstellten Quellprogramme werden vereinzelt bereits in sich abgeschlossene Funktionsbausteine zur Unterstützung des Nutzers bei der Aufteilung der Bearbeitungsabläufe auf zwei Werkzeugschlitten angeboten /6/. Bei diesen Optimiermodulen können auf Basis eines bereits definierten Quellprogramms zusammengehörige Programmblöcke, sogenannte Bearbeitungsabschnitte, jeweils einem Werkzeugträger zugeordnet und miteinander synchronisiert werden. Dies wird im weiteren als Grobsynchronisation bezeichnet. Die Vorgehensweise hierzu besitzt jedoch einige systembedingte Nachteile, die es zu vermeiden gilt:

- Eingeschränkt auf zwei Werkzeugträger.
- Nur ein Synchronisationsverfahren im Einsatz.
- Optimierung erst nach der Teileprogrammerstellung, d.h., keine Unterstützung während der Teileprogrammerstellung.
- Kleinste beeinflußbare Einheit ist ein Bearbeitungsabschnitt. Es ist keine Feinoptimierung auf Basis einzelner Teileprogrammsätze möglich.
- Unterschiedliche Bedienoberflächen der Funktionsbausteine.
- Die Zeitberechnung berücksichtigt keine maschinen- und steuerungsspezifischen Eigenschaften.

Die Funktionalität unterschiedlicher NC-Programmiersysteme ist in Bild 2.7 dargestellt. Ein Teil dieser NC-Programmiersysteme ermöglicht es bereits, die neuen Maschinenentwicklungen zu programmieren. Allerdings wird ersichtlich, daß die Funktionalität im Bereich der Programmierunterstützung noch unzureichend ist. Der Nutzer muß bei der **Programmerstellung, -optimierung und -verifikation besser unterstützt** werden. Hier besteht Handlungsbedarf, um die schnelle Erzeugung sicherer NC-Daten zu gewährleisten.

2.2.2 Problemstellungen bei der Programmierung

Bei der Programmierung der neuen Maschinenentwicklungen sind weitere Problemstellungen zu beachten. So treten bei der Mehrschlittenbearbeitung beim Programmieren beteiligter NC-Einheiten Überschneidungen in Form gegenseitiger Abhängigkeiten und Unverträglichkeiten auf (Bild 2.8). Diese lassen sich in drei Fälle unterscheiden.

In Fall 1 beziehen sich Angaben in verschiedenen NC-Programmen auf dieselbe Spindel. Es werden hohe Anforderungen an den Programmierer gestellt. Ein Beispiel ist die Vorgabe einer konstanten Schnittgeschwindigkeit v_C für Werkzeugträger 1.

Programmiersystem	A	B	C	D	E
Programmiersprache:					
- Teileprogrammiersprache (maschinenneutral)	+	+	-	+	+
Eingabeunterstützung (allgemein):					
- Alphanumerisch	+	+	-	+	+
- Eingabemasken	+	+	++	+	+
- Interaktiv grafisch	++	-	+	++	++
- CAD/NC-Kopplung	++	-	+	++	++
Programmierbare Maschinenentwicklungen:					
- 2-Achsenbearbeitung	+	+	+	+	+
- 2x2-Achsenbearbeitung	+	-	+	-	+
- Mehrachsenbearbeitung	+	-	-	-	-
- Angetriebene Werkzeuge + positionierbare Spindel	+	+	+	?	+
- Angetriebene Werkzeuge + stetig verstellbare C-Achse	++	-	+	?	+
Programmierunterstützung für neue Maschinenentwicklungen					
- Groboptimierung für 2 Schlitten	+	-	+	-	-
- Feinoptimierung der Schlitten	-	-	-	-	-
- Unterstützung für mehr als 2 Schlitten	-	-	-	-	-
- Direkte Kollisionsrückmeldung	-	-	-	-	-
Möglichkeiten zur Beschreibung des Prozeßumfelds:					
- Fertigteil, Rohteil	+	+	++	+	++
- Werkzeuge	+	+	+	+	+
- Spannmittel, Reitstock, ...	-	-	+	-	+
- Kompletter Arbeitsraum	-	-	+	-	+
Kollisionserkennung:					
- Technologische Kollisionen	*)	-	-	?	?
- Geometrische Kollisionen					
- Grafische Simulation	+	-	++	-	+
- Rechnerinterne Kollisionsüberprüfung	-	-	+	-	?
Rohteilaktualisierung:					
- 2-dimensional	-	-	+	-	+
- 3-dimensional	-	-	-	-	?

\+ gut ++ sehr gut - nicht realisiert ? unbekannt *) im Postprocessor realisiert

A,B,D,E NC-Programmiersysteme auf Basis einer höheren Programmiersprache

C Werkstattorientiertes Programmiersystem

Bild 2.7: Funktionalität verschiedener NC-Programmiersysteme /18,34/

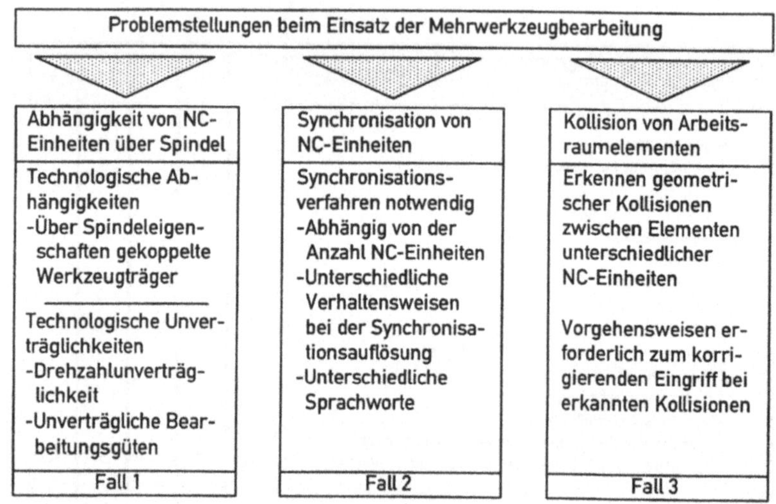

Bild 2.8: Problemstellungen beim Einsatz der Mehrwerkzeugbearbeitung

Diese kann für einen parallel zur Bearbeitung eingesetzten Werkzeugträger 2 eine von der Spindeldrehzahl n abhängige Schnittgeschwindigkeit v(n) sowie Vorschubgeschwindigkeit $v_f(n)$ bewirken. Der Programmierer muß Auswirkungen entsprechender Programmierangaben selbst abschätzen, da ihm bei der Programmerstellung keine Hilfe angeboten wird und das zeitliche Zusammenspiel der beteiligten Maschinenelemente erst im Probelauf zu erkennen ist. Fall 2 betrifft die **Nachbildung der Synchronisation von NC-Einheiten** untereinander und stellt Anforderungen aufgrund unterschiedlicher Synchronisationsverfahren in verschiedenen NC-Drehmaschinen. Bild 2.9 zeigt für zwei Mehrschlittendrehmaschinen und eine Mehrspindeldrehmaschine unterschiedliche Realisierungen der Synchronisationsabwicklung in der Syntax des jeweiligen NC-Programms auf. Es wird deutlich, daß sich sowohl die Verwendung der Sprachworte als auch die Synchronisationsverarbeitung stark voneinander unterscheiden. Beim Einsatz einer maschinenunabhängigen Programmiermethode sollten diese Synchronisationsverfahren sowohl einheitlich zu programmieren sein als auch bei der rechnerinternen Verarbeitung steuerungsspezifisch abgehandelt werden. Derzeit wird in NC-Programmiersystemen nur das Synchronisationsverfahren für Drehmaschinen mit zwei Schlitten unterstützt, so daß bezüglich der Verarbeitung der übrigen Synchronisationsverfahren Anforderungen bestehen.

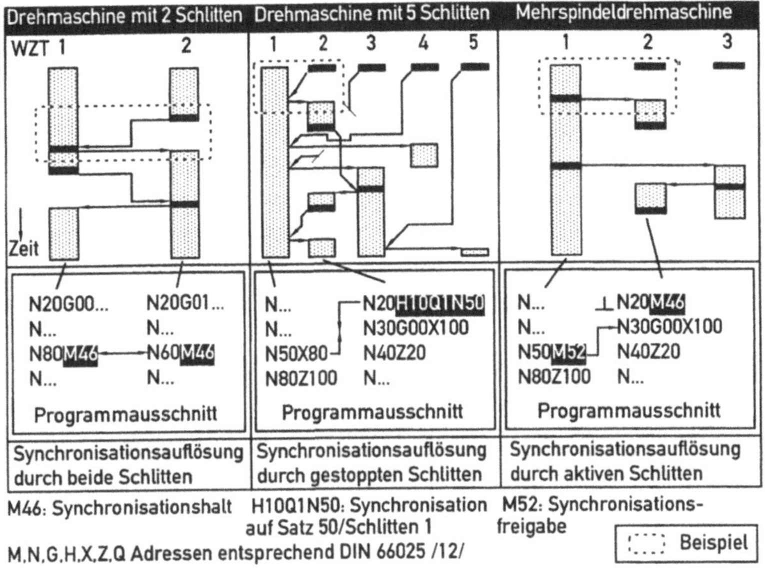

Bild 2.9: Synchronisationsverfahren bei unterschiedlichen Drehmaschinensteuerungen

Fall 3 betrifft die Überprüfung von Kollisionen im Arbeitsraum und wurde bereits in Kapitel 2.2 aufgeführt. Festzuhalten ist, daß die angebotenen Unterstützungsmöglichkeiten noch unzureichend sind.

2.2.3 Anforderungen an die NC-Programmierung

Um die Aufgabenstellungen festzulegen, ist es notwendig, die Anforderungen an die NC-Programmierung bezüglich Programmierunterstützung für die neuen Maschinenentwicklungen zusammengefaßt zu analysieren. Diese können nach unterschiedlichen Gesichtspunkten gegliedert werden (Bild 2.10). So bestehen von Seiten des **Nutzers** hauptsächlich Anforderungen bezüglich eines **aufgabengerechten Informationsaustauschs mit NC-Programmiersystemen**. Dies betrifft besonders die Gestaltung der Oberfläche, über die wichtige **Informationen über den Stand der Programmerstellung** bereitgestellt werden müssen. Dazu ist einerseits eine **anwendergerechte Darstellung der Teileprogrammsätze** erforderlich. Andererseits sollten erkannte **Unverträg-**

lichkeiten wie Kollisionen möglichst sofort **aufgezeigt** werden. Ein wichtiges Kriterium stellt auch die Antwortzeit des Systems auf Bedienereingaben dar.

Auf Seiten der **Arbeitsplanung** wird ein einheitlicher durchgängiger Systemaufbau verlangt, der sich durch eine **volle Integration** von Unterstützungsmöglichkeiten bezüglich **der Optimierung von Mehrschlitten-/Mehrspindelprogrammen** sowie der Kollisionsüberprüfung auszeichnet. Bearbeitungsprogramme sollten bereits bei der Programmerstellung möglichst **'real' simuliert** werden, um zu vermeiden, daß Kontrollermittlungen aufgrund unzureichender Informationen bei der Berechnung falsche Aussagen über den Ablauf der Bearbeitung liefern.

Zu den genannten Punkten kommen noch Anforderungen von Seiten der NC-Programmiersystementwickler hinzu, die sich immer mehr einer ausufernden Flut von Softwareprogrammen gegenübersehen, die es zu pflegen und weiterzuentwickeln gilt. Diesbezügliche Problemstellungen werden im folgenden Kapitel näher erläutert.

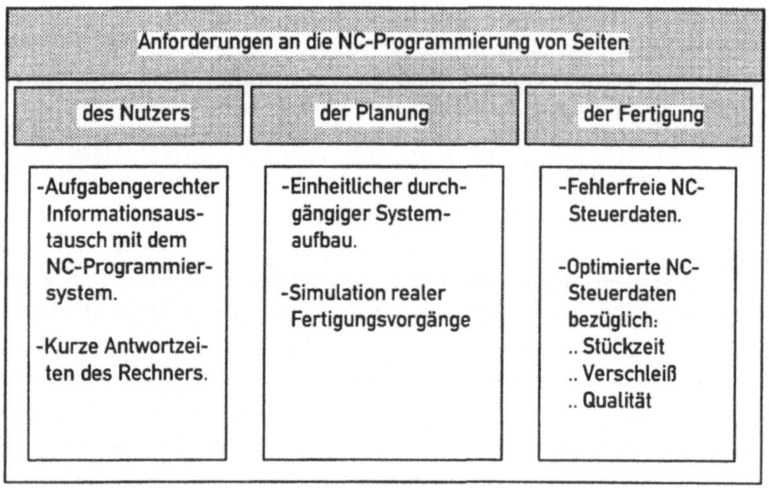

Bild 2.10: Anforderungen an die NC-Programmierung

2.3 Neue Softwarekonzepte zur Entwicklung modularer Programmiersysteme

NC-Programmiersysteme sind derzeit meist in einer **imperativen Programmiersprache** wie C oder FORTRAN /7/ erstellt, bei der eine **funktionsorientierte Modularisierung** vorgenommen wurde. Dabei werden Funktionen, die Aufgabenstellungen über ein bestimmtes Anforderungsgebiet zu bearbeiten haben, in Modulen zusammengefaßt. Funktionsorientierte Programmierverfahren bereiten bei der Erweiterung des Funktionsumfangs vorhandener Softwareprogramme sowie bei der Vereinigung von eigenständig ablaufenden Modulen zu einem neuen übergreifenden System Schwierigkeiten, da der zugrundeliegende Aufbau sehr stark vom Programmierstil des jeweiligen Programmierers abhängig ist und Ein-/Ausgabeschnittstellen oft infolge eines hohen Vernetzungsgrades der Programmstrukturen nicht einfach zu verstehen sind. Schwierigkeiten sind insbesondere bei der Festlegung von Schnittstellen vorhanden, da in diesen oft Informationen unterschiedlicher Art zusammengefaßt enthalten sind. Auch sind Anforderungen, hochgradig vernetzte Strukturen aufgrund von Datenänderungen möglichst schnell zu aktualisieren, nur schwer zu erfüllen, wenn die Softwarekonzeption nicht unter objektorientierten Gesichtspunkten vorgenommen wurde. Die resultierenden Aktualisierungsalgorithmen ergeben sehr umfangreiche Sonderfunktionen, bei denen ein nachfolgendes Ändern der Programmstrukturen immer problematisch ist.

In neuerer Zeit werden verstärkt **objektorientierte** Programmiersprachen wie z.B. C++ /35,36/ eingesetzt, die eine **objektorientierte Modellierung und Modularisierung** ermöglichen. Bild 2.11 zeigt in einer Zusammenfassung Kriterien zur Bewertung funktionsorientierter und objektorientierter Programmierung. Besonders vorteilhaft ist bei objektorientierter Programmierung (OOP) die **Zusammenfassung aller Daten und Methoden**, die zu einem Objekt gehören, sowie der Zwang zu **systematischer Konzeptentwicklung**, der bei der funktionsorientierten Vorgehensweise nicht notwendigerweise vorausgesetzt wird. Objekte besitzen eindeutige Beziehungen untereinander, die die über Schnittstellen zu übertragenden Informationen genau festlegen. Bei objektorientierten Programmierverfahren ist der Bottom-Up-Entwurf vorherrschend, da zur Entwicklung eines umfangreicheren Softwareprodukts Klassenbibliotheken mit Standardobjekten entweder vorliegen sollten oder zu entwickeln sind. Dies bedeutet, daß bei der OOP ein schnelles Prototyping möglich ist, sobald hierfür Grundlagen in Form von Klassenbibliotheken vorliegen. Für die nachfolgenden Ausführungen wichtige Festlegungen zur Darstellung objektorientierter Strukturen sind in Bild 2.12 dargestellt. Im weiteren wird bei Bezugnahme auf ein Objekt die Bezeichnung des Objekts zwischen Punkte geschrieben (beispielsweise .Quellprogramm.)

Bewertungskriterien	objektorientiert	funktionsorientiert
- Daten und Methoden zusammengefaßt	+	-
- Anleitung zur systematischen Entwicklung von Softwarekonzepten	+	-
- Schnelles Prototyping	+	+
- Modularisierung		
- objektorientiert	+	-
- funktionsorientiert	-	+
- Datenaustausch zwischen Modulen	+	-
- Schnittstellendefinition	+	-
- Top-Down-Entwurf	-	+
- Bottom-Up-Entwurf	+	-
- Wartung umfangreicher Softwareprodukte	+	-

+ gute Unterstützung: - unzureichende Unterstützung

Bild 2.11: Unterschiede zwischen objekt- und funktionsorientierter Programmierung

Bei der Betrachtung der Eigenschaften und Möglichkeiten objektorientierter Sprachen wird erkennbar, daß die mögliche Art der Modularisierung weit eher den nachzubildenden Gegebenheiten entspricht, als die herkömmliche funktionsorientierte Modularisierung. Zudem ist es für größere Softwareprojekte, wie z.B. die Entwicklung von NC-Programmiersystemen, vorteilhaft, bei der Erweiterung der Objektfunktionalität nicht mehr an verschiedenen Stellen im Programm eingreifen zu müssen, sondern alle Erweiterungen in einer Klassendefinition durchführen zu können. Dies führt zu einer erheblich einfacheren Wartbarkeit der Programme. Die Entwicklung objektorientierter Programme erfordert jedoch ein wesentlich höheres Maß an Planungsarbeit zur Systematisierung der Objekthierarchien und -beziehungen.

Der Trend zum Einsatz der OOP ist derzeit bereits festzustellen. Die Neuentwicklung der NC-Programmiersystemfunktionalität erfordert jedoch umfangreiche Investitionen und erheblichen Zeitaufwand. Sinnvoll ist ein **stufenweiser Übergang in Form einer Integration funktionsorientierter Module in ein objektorientiertes Rahmenkonzept**, bei dem später der vollständige Umstieg auf OOP vollzogen werden kann. Dies erfordert eine **Neukonzeption gängiger NC-Programmiersystemstrukturen.**

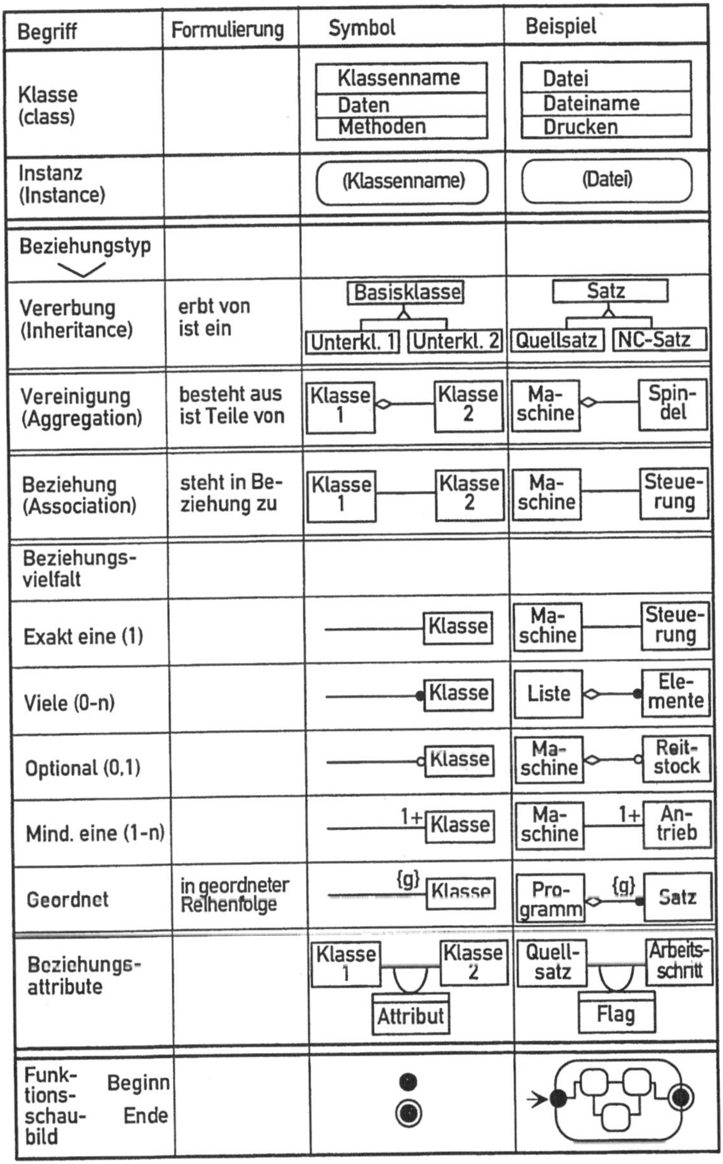

Begriff	Formulierung	Symbol	Beispiel
Klasse (class)		Klassenname / Daten / Methoden	Datei / Dateiname / Drucken
Instanz (Instance)		(Klassenname)	(Datei)
Beziehungstyp			
Vererbung (Inheritance)	erbt von ist ein	Basisklasse; Unterkl. 1, Unterkl. 2	Satz; Quellsatz, NC-Satz
Vereinigung (Aggregation)	besteht aus ist Teile von	Klasse 1 — Klasse 2	Maschine — Spindel
Beziehung (Association)	steht in Beziehung zu	Klasse 1 — Klasse 2	Maschine — Steuerung
Beziehungsvielfalt			
Exakt eine (1)		Klasse	Maschine — Steuerung
Viele (0-n)		Klasse	Liste — Elemente
Optional (0,1)		Klasse	Maschine — Reitstock
Mind. eine (1-n)		1+ Klasse	Maschine — 1+ Antrieb
Geordnet	in geordneter Reihenfolge	{g} Klasse	Programm — {g} Satz
Beziehungsattribute		Klasse 1 — Klasse 2; Attribut	Quellsatz — Arbeitsschritt; Flag
Funktionsschaubild: Beginn, Ende			

Bild 2.12: Festlegungen zur Darstellung objektorientierter Strukturen /47/

2.4 Aufgabenstellung

Basierend auf dem Stand der Technik und den Anforderungen an eine aufgabengerechte Unterstützung bei der Programmierung der neuen Maschinenentwicklungen konzentriert sich die vorliegende Arbeit auf die nachfolgenden Punkte:

- Systemstruktur zur NC-Programmierung der neuen Maschinenentwicklungen

Entwicklung einer Systemstruktur, die das Programmieren und Verifizieren von Teileprogrammen für die neuen Maschinenentwicklungen in geeigneter Form organisatorisch und funktional unterstützt. Für die Entwicklung von Nutzerinterface und Teileprogrammverarbeitung sind objektorientierte Programmierverfahren einzusetzen. Bestehende Module funktionsorientiert aufgebauter NC-Programmiersysteme müssen integriert und somit weiterverwendet werden können.

- Strukturen und Abläufe der objektorientiert aufgebauten Teileprogrammverarbeitung

Aufzeigen von Programmstrukturen und Abläufen bei der Verarbeitung von Teileprogrammen unter objektorientierten Gesichtspunkten. Der Teileprogrammverarbeitung kommt zentrale Bedeutung zu, da ihre Leistungsfähigkeit die Grundlage für die nutzergerechte Programmierung und Programmoptimierung der neuen Maschinenentwicklungen darstellt.

- Simulation des Bearbeitungsablaufs durch Nachbildung und Integration der erforderlichen Teilbausteine der Steuerdatenverarbeitung

Erweiterung vorhandener Verifikationsmethoden für die Mehrschlittenprogrammierung sowie deren Einbindung in den Teileprogrammverarbeitungsablauf. Zu berücksichtigen sind Anforderungen durch mehrere Werkzeugträger und Spindeln sowie durch zusätzliche Synchronisationsverfahren. Ein fehlerbehafteter Programmablauf sollte dem Nutzer mit geeigneten Methoden bereits bei der Programmerstellung mit Bezug auf die verursachende Stelle im Teileprogramm angezeigt werden. Es sind nachzubildende Teilbausteine der Steuerdatenverarbeitung festzulegen.

- Programmierung und Darstellung paralleler Bearbeitungsvorgänge

Entwicklung nutzergerechter Vorgehensweisen für die Bedienoberfläche zur Programmierung und Optimierung der Bearbeitungsvorgänge in Mehrschlitten- und Mehrspindeldrehmaschinen. Besonders wichtig ist es, **parallel laufende Bearbeitungsvorgänge** für den Nutzer **in einer geeigneten Darstellung zu präsentieren**, die ihn auch bei der **Synchronisation von parallel laufenden Bearbeitungsvorgängen** unterstützt. Im Gegensatz zu vorhandenen Systemen sind Unterstützungen zur **Optimierung und Programmverifizierung bereits während der Teileprogrammerstellung** bereitzustellen. Durch einen zugeschnittenen Systemaufbau sind kurze Antwortzeiten des Rechners bei Änderungen zu gewährleisten. Dieser Baustein, im weiteren als Nutzerinterface bezeichnet, ist ebenfalls unter objektorientierten Gesichtspunkten und in engem Zusammenhang mit der Teileprogrammverarbeitung auszulegen.

Für einige der genannten Aufgabenstellungen sind bereits Teilrealisierungen vorhanden. Dies gilt beispielsweise für die grafische Darstellung und für die Verschneidung von Körpern bei der Kollisionskontrolle, so daß diese nicht Inhalt dieser Arbeit sind. Der Schwerpunkt bezüglich der rechnerinternen Kollisonsbetrachtungen liegt vielmehr in der **Einbindung in ein integriertes System** sowie der **Berücksichtigung maschinen- und steuerungsspezifischer Eigenheiten**. Es kann auf ein Grundmodul zur Berechnung der auf den Werkzeugmaschinen anfallenden Zeiten zurückgegriffen werden /12/, das jedoch für Berechnungen für 2x2-Achsen-Maschinen ausgelegt und daher für zusätzliche maschinen- und steuerungsspezifische Anforderungen zu erweitern ist.

3 Systemstruktur zur Programmierung der neuen Maschinenentwicklungen

Um die Anforderungen zu erfüllen, sind neue Programmiersystemstrukturen (bezogen auf Processor und Postprocessor) zu entwickeln. Ergebnisse von Teileprogrammverifikationsabläufen, die maschinen- und steuerungsspezifische Eigenheiten berücksichtigen, können nur direkt zurückgemeldet werden, wenn Teileprogrammsätze durchgängig über Processor und Postprocessor unter Einbeziehung des steuerungs- und maschinenspezifischen Aufbaus und Verhaltens in einem verknüpften Ablauf verarbeitet werden.

Zum Verwirklichen dieser Anforderungen sind verschiedene Möglichkeiten entsprechend Bild 3.1 vorhanden. Üblicherweise wird die indirekte Kopplung von Teileprogramm- und CLDATA-Verarbeitung eingesetzt. Die notwendigen Berechnungsabläufe sind jedoch sehr zeitaufwendig und somit wenig nutzerfreundlich, da der Nutzer Processor und Postprocessor getrennt anstoßen und als Schnittstelle die CLDATA jeweils komplett neu erzeugt werden muß. Besser geeignet ist Variante 2, bei der Processor- und Postprocessorlauf über eine Ablaufsteuerung direkt gekoppelt sind. Hier können ebenfalls die vorhandenen Module weiterverwendet werden, jedoch ist auch diese Variante mit hohem Zeitaufwand zur Teileprogrammverarbeitung verbunden. Beide Möglichkei-

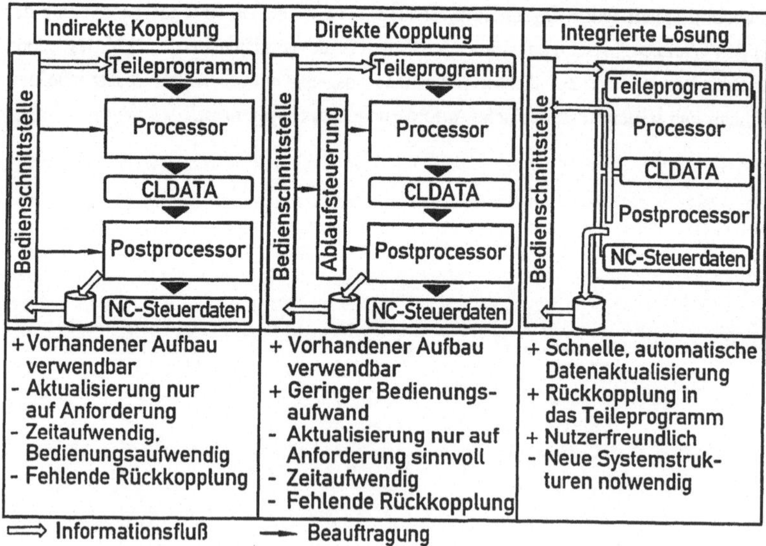

Bild 3.1: Aufbauvarianten einer durchgängigen Teileprogrammverarbeitung

ten schließen durch fehlende Vernetzungsstrukturen zwischen Teile- und NC-Programm die Rückkopplung ermittelter Informationen zum Teileprogramm aus.

Variante 3 stellt die integrierte Verarbeitung des Teileprogramms über Processor- und Postprocessorfunktionalitäten dar. Die Programmstruktur für die gesamte Teileprogrammverarbeitung bis zu den NC-Steuerdaten ist dabei vernetzt aufzubauen. Processor und Postprocessor werden in Teilfunktionen untergliedert und diese aufgabenorientiert in die Struktur integriert. Dies ermöglicht es, Änderungen im Teileprogramm direkt in den CLDATA-Sätzen zu aktualisieren und über Postprocessorfunktionen weiterzuverarbeiten. Die Aktualisierungsvorgänge können automatisch ohne Nutzerinteraktion ablaufen. Die vernetzten Strukturen zwischen Teileprogramm, CLDATA und NC-Steuerdaten ermöglichen zudem die Rückkopplung von Ergebnisdaten der Verifikationsmethoden in die Teileprogrammsätze. Nachteile dieser Lösung sind die neu zu konzipierenden und zu realisierenden Systemstrukturen und die damit verbundenen hohen Anforderungen an die Vorgehensweise zur schnellen Datenaktualisierung bei Teileprogrammänderungen. Außerdem wird zur Realisierung ein generalisierter konfigurierbarer Postprocessor vorausgesetzt, da die Postprocessorteilfunktionen nur einmal eingebunden werden können. Aufgrund der entscheidenden Vorteile dieser Methode wird diese ausgewählt und im weiteren die notwendigen Strukturen und internen Abläufe entwickelt.

Ein weiterer Punkt betrifft die Bedienoberfläche des NC-Programmiersystems. Um das Visualisieren und die Eingabe bei der Mehrschlittenprogrammierung nutzergerecht gestalten zu können, sind geeignete Visualisierungsverfahren zu entwickeln. Für diese ist ebenfalls eine enge Vernetzung der Teileprogrammerstellungswerkzeuge (Editoren) mit den Teileprogrammsätzen erforderlich.

In Kapitel 2.2.3 wurde bereits ein beispielhafter Aufbau eines derzeit eingesetzten NC-Programmiersystems aufgezeigt, das in imperativen Programmiersprachen (C und FORTRAN) realisiert wurde und das entsprechend den durchzuführenden Funktionen modularisiert ist. Um eine integrierte Verarbeitung des Teileprogramms nach Variante 3 zu verwirklichen, werden die zugrundeliegenden Strukturen unter objektorientierten Gesichtspunkten überarbeitet. Dies betrifft insbesondere die Werkzeuge zur Teileprogrammerstellung und die Teileprogrammverarbeitung bis zur Erzeugung von NC-Steuerdaten. Der NC-Programmiersystemaufbau gestaltet sich damit wie in Bild 3.2 dargestellt.

Der Hauptunterschied zwischen funktions- und objektorientierter Systemstruktur liegt in der Art der Modularisierung. Der objektorientierte Ansatz unterteilt das Gesamtsystem in Subsysteme, die wiederum aus vielen Objekten aufgebaut sein können. Auch die in Bild 3.2 enthaltenen Modelle entsprechen dabei Subsystemen.

Ein besonderer Unterschied besteht darin, daß beim objektorientierten Ansatz die Kommunikation direkt zwischen Objekten und nicht über funktionsorientierte Schnittstellen zum Informationstransport der Daten mehrerer Objekte abgehandelt wird. Jedes Objekt und damit auch Subsystem hat außerdem selbst für die Aktualität und Richtigkeit seiner Daten zu sorgen. Es ist im weiteren ein wesentlicher Punkt, diese Randbedingungen umzusetzen.

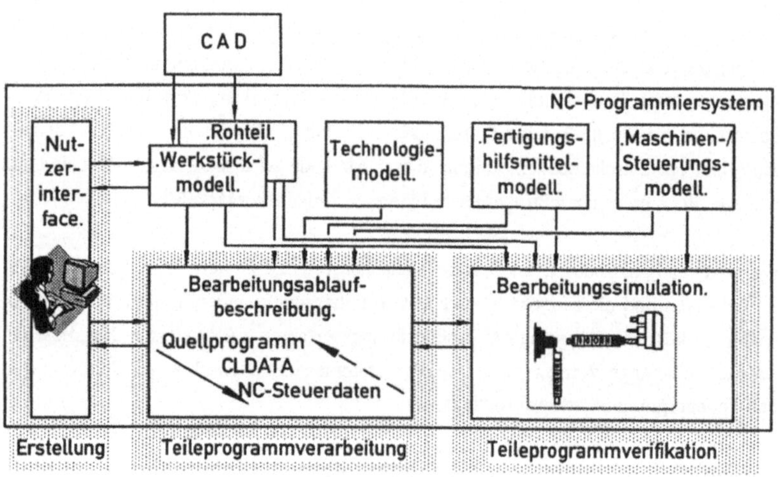

Bild 3.2: Aufbau eines NC-Programmiersystems mit objektorientierter Modularisierung

Die Funktionen des herkömmlichen Programmiersystemaufbaus entsprechend Bild 2.6 sind im objektorientierten Ansatz nur Objektmethoden und müssen daher in den Subsystemen wieder erscheinen. Bild 3.3 zeigt eine Übersicht über die Subsysteme des objektorientiert aufgebauten Systems und die jeweils zuzuordnenden Funktionen herkömmlicher NC-Programmiersysteme. In den folgenden Kapiteln sind die Subsysteme, die

Objekte, aus denen sie aufgebaut sind, und notwendige Systemstrukturen und Abläufe zu entwickeln und darzulegen.

3.1 Untergliederung der Systemstruktur

Unter Beachtung der vorgestellten Festlegungen bezüglich objektorientierter Systementwicklung wird die Struktur des Ansatzes nach Bild 3.2 weiter verfeinert.

Subsystem	Zuordnung von Funktionen herkömmlicher NC-Programmiersysteme
Bearbeitungsablauf-beschreibung	- Processor - Postprocessor - NC-Steuerdateninterpreter - Verknüpfung von NC- mit TP-Sätzen
Bearbeitungssimulation	- NC-Datenverarbeitung - Geometrische Bearbeitungssimulation
Nutzerinterface	- Paralleleditor - Darstellungsmodul - Eingabemasken - Formulareditor - Menüsteuerung - Window-Manager
Werkstückmodell	- Geometrie-/Topologieverwaltung
Technologiemodell	- Schnittwertermittlung
Fertigungshilfs-mittelmodell	- Werkzeugverwaltung - Spannmittel-, Prüfmittelverwaltung
Maschinen-/ Steuerungsmodell	- Geometrie- und Kinematikverwaltung - Kinematikkonfiguration
Rohteil	- Geometrie-/Topologieverwaltung

Bild 3.3: Subsysteme und zuzuordnende Funktionen herkömmlicher NC-Programmiersysteme

3.1.1 Subsystem .Bearbeitungsablaufbeschreibung.

Das erste betrachtete Subsystem stellt die **.Bearbeitungsablaufbeschreibung.** dar (Bild 3.4). Die .Bearbeitungsablaufbeschreibung. des Fertigungsprozesses tritt in mehreren Zustandsformen in Erscheinung. Zustandsform 1 ist die Repräsentation in Form von NC-Steuerdaten. Die nächst höhere Form wird durch CLDATA-Sätze repräsentiert, die bereits in maschinenneutraler Form vorliegen. Noch eine Ebene höher beschreiben Quellsätze den Bearbeitungsablauf. In Zukunft wird hierüber noch eine weitere Form anzusiedeln sein, bei der der Einfluß der OOP bereits in Erscheinung tritt: die Ebene der Bearbeitungsobjekte. Da diese Form nicht weiter betrachtet wird, ist sie im Bild 3.4 gestrichelt dargestellt.

Durch die besondere Eigenart der OOP in Form der Verknüpfung von Daten und Methoden in einem Objekt liegen das Bearbeitungsprogramm und das zugehörige Verarbeitungsprogramm (Processor, Postprocessor) nicht mehr getrennt voneinander vor; vielmehr stellt das Verarbeitungsprogramm in Form einer Objektmethode ein integriertes Mitglied der jeweiligen Sprachform dar, zu deren Verarbeitung es geschaffen wurde.

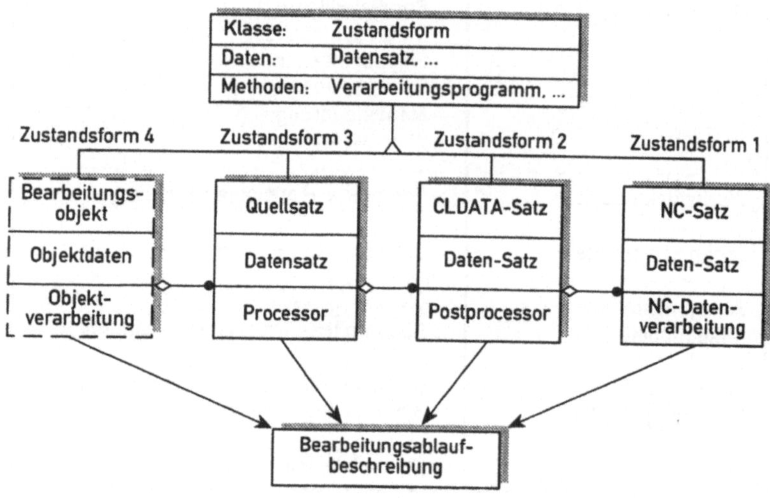

Bild 3.4: Zustandsformen des Subsystems .Bearbeitungsablaufbeschreibung.

Dies wird in Bild 3.4 durch die direkte Verknüpfung von Datensatz und Verarbeitungsprogramm zu einem Objekt der jeweiligen Zustandsform dargestellt.

Aufgabe des Subsystems ist die Verarbeitung von Teileprogrammen bis hin zur Erzeugung von NC-Steuerdaten. Die wesentlichen Teilaufgaben liegen darin, Teileprogrammsätze auf richtige Syntax und Semantik zu untersuchen, programmiersystemspezifische Bearbeitungszyklen aufzulösen, technologische Größen zu ermitteln sowie maschinen- und steuerungsspezifische Eigenschaften bei der Erzeugung von NC-Steuerdaten zu berücksichtigen. Insgesamt gesehen werden hier die **zeitunabhängigen** Methoden zur Teileprogrammverarbeitung ausgeführt.

3.1.2 Subsystem .Nutzerinterface.

In interaktiven Systemen führt der Nutzer Objektmethoden aus, deren Realisierung in Form von Algorithmen oder heuristischen Methoden zu aufwendig oder nicht möglich war. Zur Kommunikation zwischen Nutzer und Programmsystem werden daher kommunikationsdurchführende Objekte benötigt, die im Subsystem .Nutzerinterface. zusammengefaßt werden. Dies beinhaltet auch Funktionen zum Senden und Empfangen von Nachrichten, um mit den anderen Subsystemen und deren Objekten kommunizieren zu können. Zur Erleichterung der Kommunikationsabwicklung dienen Hilfsfunktionen, wie Window-Manager, Menüsteuerung und grafische Darstellung. Auch für die Programmierung der Mehrschlitten-/Mehrspindelbearbeitung sind Hilfsfunktionen vorzusehen. Bild 3.5 zeigt die Grobstruktur des Subsystems .Nutzerinterface..

3.1.3 Subsystem .Bearbeitungssimulation.

Das dritte Subsystem bildet die .Bearbeitungssimulation.. Hier werden die durch die .Bearbeitungsablaufbeschreibung. vorgegeben Arbeitsschritte entsprechend den Vorgängen in der NC-Steuerung und -Maschine **zeitabhängig** abgebildet und verarbeitet (Bild 3.6). Hauptsächlich werden Zeiten berechnet, Synchronisationen abgehandelt und Lagesollwerte für die Maschinenachsen erzeugt. Auch die Nachbildung der Rohteilaktualisierung ist Inhalt dieses Subsystems. Die weiteren Subsysteme (Modelle) entsprechend Bild 3.2 spielen bei den weiteren Ausführungen nur eine untergeordnete Rolle, da sie nur aus vorhandenen Realisierungen übernommen und in die neuen Strukturen integriert werden.

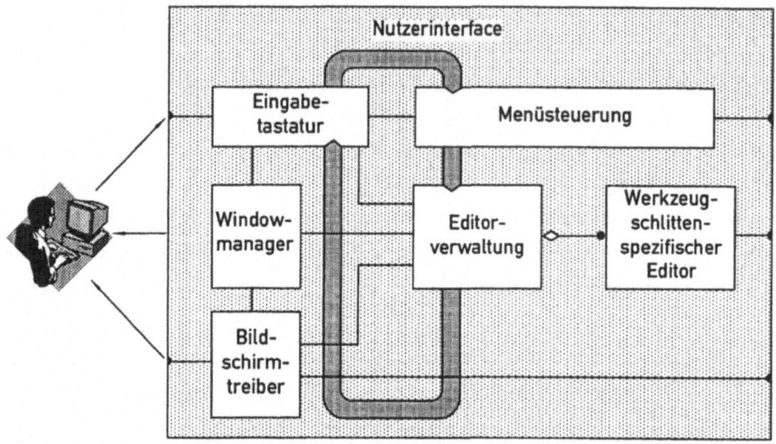

Bild 3.5: Das Subsystem .Nutzerinterface.

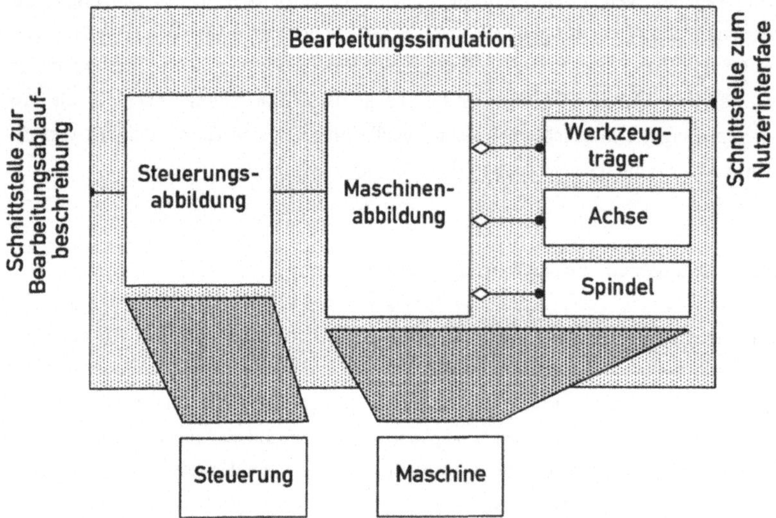

Bild 3.6: Das Subsystem .Bearbeitungssimulation.

3.2 Zusammenfassende Bewertung

Der vorgestellte objektorientierte Grobaufbau eines NC-Programmiersystems entsprechend Bild 3.2 ist der Grundstein, um Teileprogramme für parallele Bearbeitungsvorgänge bei Mehrschlittenbearbeitung schnell erstellen, aktualisieren und optimieren zu können. Im weiteren sind die Subsysteme .Bearbeitungsablaufbeschreibung., .Nutzerinterface. und .Bearbeitungssimulation. zu detaillieren, wobei Funktionen bisheriger NC-Programmiersysteme möglichst weiterverwendbar sein sollen. Das Subsystem .Bearbeitungssimulation. basiert weitgehend auf einem vorhandenen Aufbau über imperative Programmiersprachen und wird um zusätzliche Algorithmen zur Zeitberechnung für Mehrachsenbearbeitung, zur Simulationsabhandlung und zur Berücksichtigung maschinen- und steuerungsspezifischer Eigenschaften erweitert.

4 Objektorientierte Strukturen und Abläufe der Bearbeitungsablaufbeschreibung

Den zentralen Teil des Systems stellt das Subsystem **.Bearbeitungsablaufbeschreibung.** dar, da sowohl die parallele Darstellung der Bearbeitungsvorgänge sowie die Verifikationsmethoden von der internen Struktur dieses Subsystems und von der durchgängigen, schnellen Aktualisierung der Teileprogrammsätze entsprechend Variante 3 Bild 3.1 abhängig sind.

Quellprogramme enthalten oft Anweisungen, wie Satzwiederholungen, Aufruf von Unterprogrammen und in jüngster Zeit auch Zyklen für parallele Bearbeitungen. Diese Vorgehensweisen zur Bearbeitungsdefinition haben gemeinsam, daß Werkzeugschlittenanwahl und Synchronisationen in Sätzen aufgerufen werden können, die diese Befehle nicht als Anweisungen direkt enthalten (Bild 4.1). Zur Lösung dieses Problems sind geeignete Objektstrukturen erforderlich, da die direkte Zuordnung von Quellsätzen zu Werkzeugträgern allein auf der Basis des Quellprogramms nicht mehr möglich ist.

4.1 Strukturierung der .Bearbeitungsablaufbeschreibung.

Die **rechnerinterne Ermittlung der gegenseitigen Werkzeugschlittenzuordnung** kann aufgrund der genannten Problemstellung nicht direkt **auf Basis** der Quellprogrammsätze vorgenommen werden. Vielmehr muß auf die **CLDATA-Sätze** zurückgegriffen werden, da in diesen der Bearbeitungsablauf bereits in aufgelöster Form enthalten ist. Ein weiterer Punkt ergibt sich aus der **mehrfachen Verwendung derselben Quellprogrammsätze**. Zum Realisieren der Zustandsform 'Quellprogramm' des Subsystems .Bearbeitungsablaufbeschreibung. (Bild 3.4) muß eine anforderungsgerechte Vernetzung in Form von Beziehungen zwischen Quellprogramm und zugehörigen CLDATA-Sätzen geschaffen werden (Bild 4.2).

Um den Bearbeitungsablauf in einzelne Arbeitsschritte auflösen zu können, wird ein .Quell-Bearbeitungsablaufprogramm. zur Verwaltung der .Quell-Arbeitsschritte. benötigt. Unter einem .Quell-Arbeitsschritt. ist dabei die Verarbeitung eines .Quellsatzes. auf Basis von jeweils aktuell anstehenden Zustandsdaten zu sehen, wobei für einen .Quellsatz. im Bearbeitungsablauf mehrere .Quell-Arbeitsschritte. ausgeführt werden können. Zwischen .Quellsatz. und zugehörigen .Quell-Arbeitsschritten. besteht eine Beziehung der Art 'ist zugeordnet', bei der die Instanzen von .Arbeitsschritt. in geordneter Form bekannt sind, so daß jederzeit die Schachtelungstiefe bei der Mehrfachverwendung von .Quellsätzen. geprüft werden kann. Unter der Schachtelungstiefe ist dabei zu verstehen, das wievielte Mal der .Quellsatz. durch Satzwiederholungen etc.

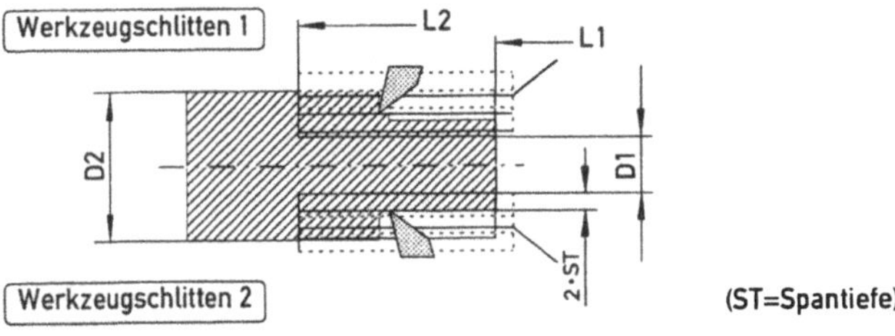

Problematische Vorgehensweisen zur Bearbeitungsdefinition im Quellprogramm		
Satzwiederholungen	Zyklen für parallele Bearbeitungen	Unterprogrammeinsatz
10 ... 11 Werkzeugschlitten 1 12 Synchronisation 1 13 Anstellen L1+1,D1+5*ST 14 Bearbeiten L2, D2+1 15 Verfahren L1+1 16 Werkzeugschlitten 2 17 Wartezeit 18 Wiederhole 13-15, AM-ST 19 Wiederhole 11-18, AM-2*ST 20 Wiederhole 19, AM-2*ST	10 ... 11 Position L1,D1 12 Linie nach L2 13 Linie nach D2 14 Parallelabspanzyklus für Geometriesätze 11-13	10 ... 11 Unterprogrammaufruf mit den Parametern L1, D1, L2, D2, ST
AM = Aufmaß		
Problemstellung		
Mehrere Werkzeugschlitten- und Synchronisationszuordnungen in einer Satzwiederholungsanweisung.	Mehrfache Werkzeugschlitten- und Synchronisationszuordnung in einem Quellsatz.	Mehrere Werkzeugschlitten- und Synchronisationszuordnungen in einem Unterprogrammaufruf.
Sichtbarkeit der Anweisungen zur Werkzeugschlittenanwahl und -synchronisation		
Sichtbar einmal im Quellsatz, jedoch mehrmalige Verwendung möglich.	Nicht sichtbar.	Nicht als Quellsatz, nur als nicht sichtbarer Unterprogrammsatz.

Bild 4.1: Für die Teileprogrammverarbeitung problematische Vorgehensweisen zur Bearbeitungsdefinition

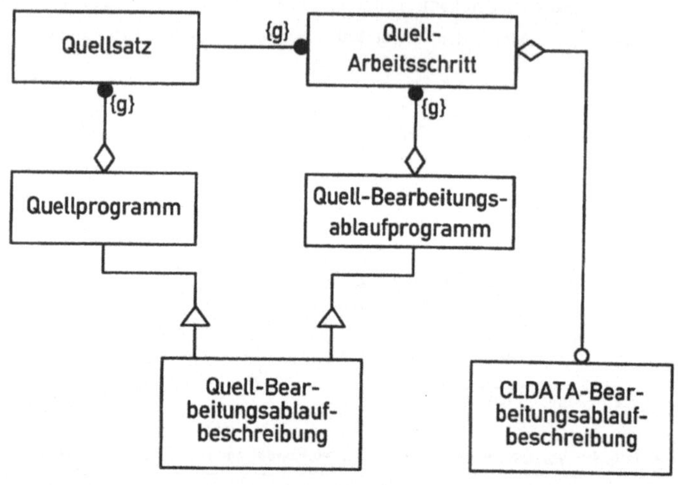

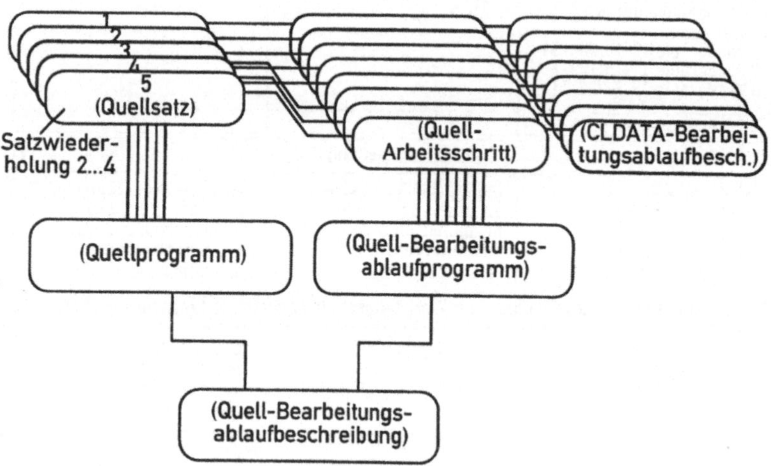

Bild 4.2: Objekt .Bearbeitungsablaufbeschreibung. - Zustandsform 'Quellprogramm' (Objektstrukturen und Instanzen)

verwendet wird. Durch diese Strukturierung stehen wichtige Informationen für das Einfügen, Ändern und Löschen von .Quellsätzen. zur Verfügung.

Bei Betrachtung von Bild 3.4 wird der immer ähnliche Verarbeitungsablauf bei der Umwandlung der Bearbeitungsablaufbeschreibung von einer Zustandsform in die nächste deutlich. An dieser Stelle erweist sich der Vorteil der objektorientierten Programmierung. Zur Realisierung eines Programmgrundgerüsts werden einheitliche Ober- oder Basisklassen geschaffen. Dies wird in Bild 4.3 beispielhaft für die gleichartige Verarbeitung von Quellprogramm, CLDATA und NC-Steuerdaten aufgezeigt. Der objektorientierte Ansatz erlaubt den Aufbau einer Oberklasse, die nur die den Objekten .Quellprogramm., .CLDATA. und .NC-Steuerdaten. gemeinsamen Daten und Methoden enthält, oder Methoden definiert, die in den abgeleiteten Klassen spezifisch zu realisieren sind.

Zur Realisierung der jeweiligen Objekte müssen nur noch über den Vererbungsmechanismus Unterklassen gebildet werden, für die zusätzlich zu den vorhandenen Daten und

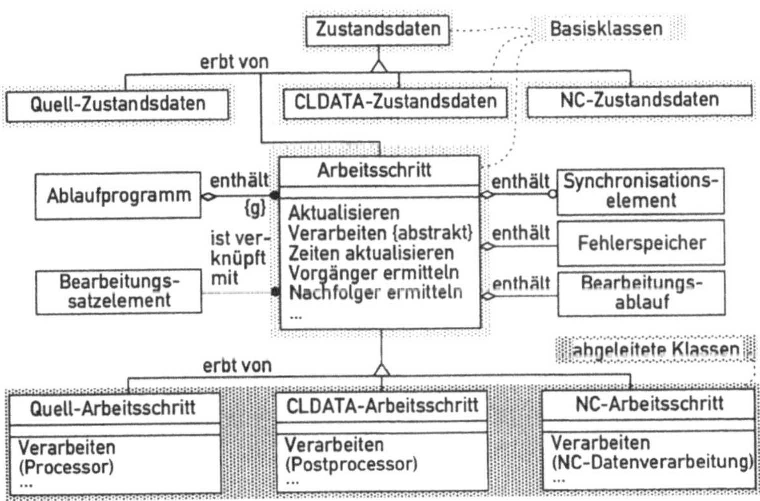

Bild 4.3: Gemeinsame Basisklasse für Arbeitsschritte

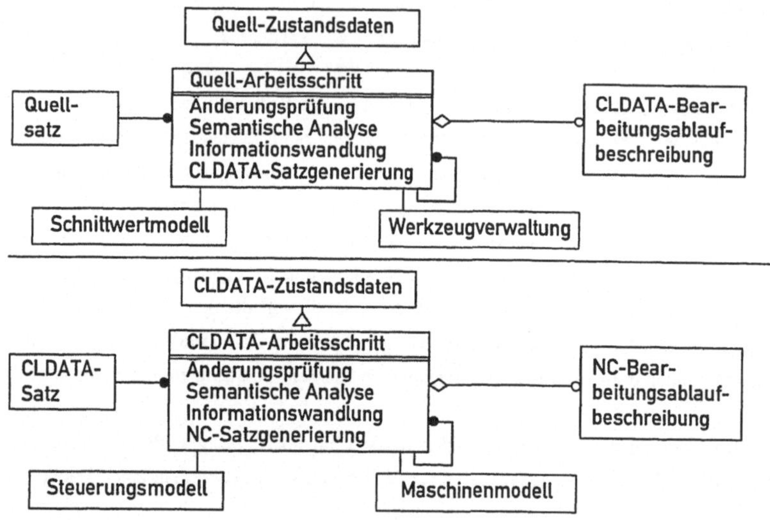

Bild 4.4: Übergang Quellsatz - CLDATA - NC-Steuerdaten

Methoden die jeweils spezifischen zu definieren sind. Bild 4.4 zeigt den Ablauf zur Verarbeitung von .Quellsätzen. zu CLDATA und von CLDATA-Sätzen zu NC-Sätzen. Dieselbe Methodik wird bezüglich des Aufbaus von .Quellprogrammen. und .CLDATA-Programmen. und auch bei der Umwandlung von .Quellprogramm-., .CLDATA-. und .NC-Sätzen. zwischen alphanumerischer (AN) und rechnerinterner Darstellung (RID) angewendet (Bild 4.5), wobei Methoden der AN die RID erzeugen und umgekehrt. Während der Teileprogrammerstellungsphase kann intern auf die Erzeugung der AN von .CLDATA. und .NC-Sätzen. verzichtet werden, um so unnötige Rechenzeit einzusparen.

Die vereinfachte Struktur des Subsystems .Bearbeitungsablaufbeschreibung. vom .Quellprogramm. bis zu den .NC-Sätzen. sieht damit entsprechend Bild 4.6 aus. Um die Vorteile der Vererbung bei Objekten noch stärker zu nutzen, wird diese Grobstruktur entsprechend Bild 4.7 detailliert. Eine zukünftige Erweiterung zur Zustandsform 'Bearbeitungsobjekte' bezüglich der durchgängigen Datenaktualisierung ist damit ebenfalls einfach möglich. Die Beziehungen zwischen den Objekten unterstützen eine schnelle Aktualisierung der direkt und indirekt von Änderungen betroffenen Objekte. Im folgenden werden hierauf aufbauend geeignete Aktualisierungsabläufe erarbeitet.

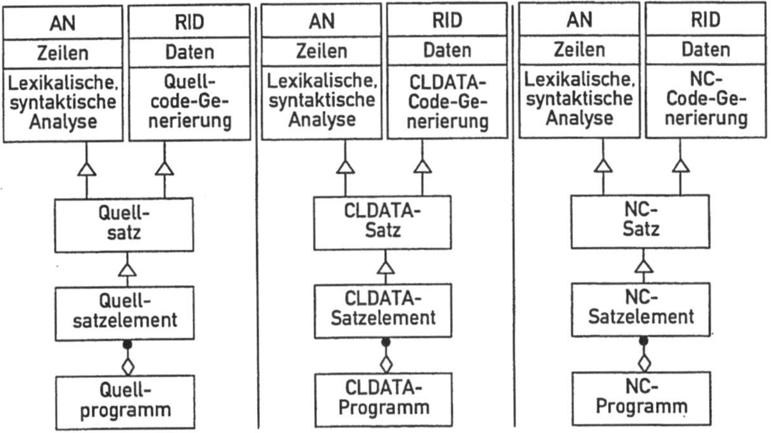

Bild 4.5: Aufbau der .Bearbeitungsablaufprogramme. mit den Methoden zur Umwandlung zwischen AN und RID

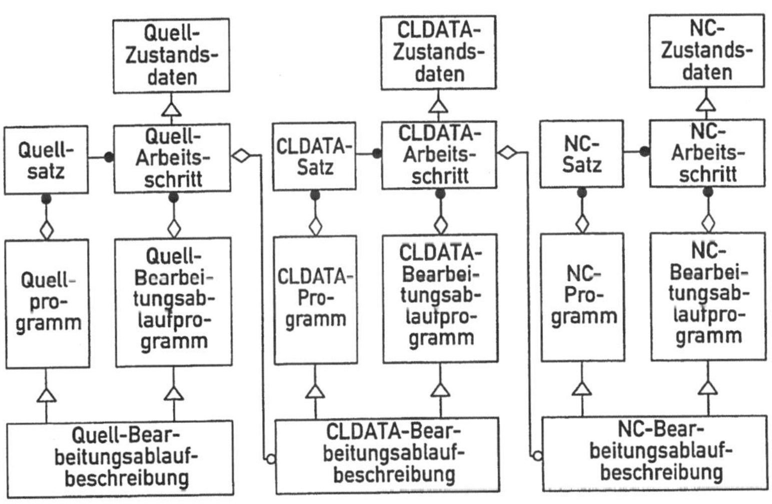

Bild 4.6: Grobstruktur .Bearbeitungsablaufbeschreibung.

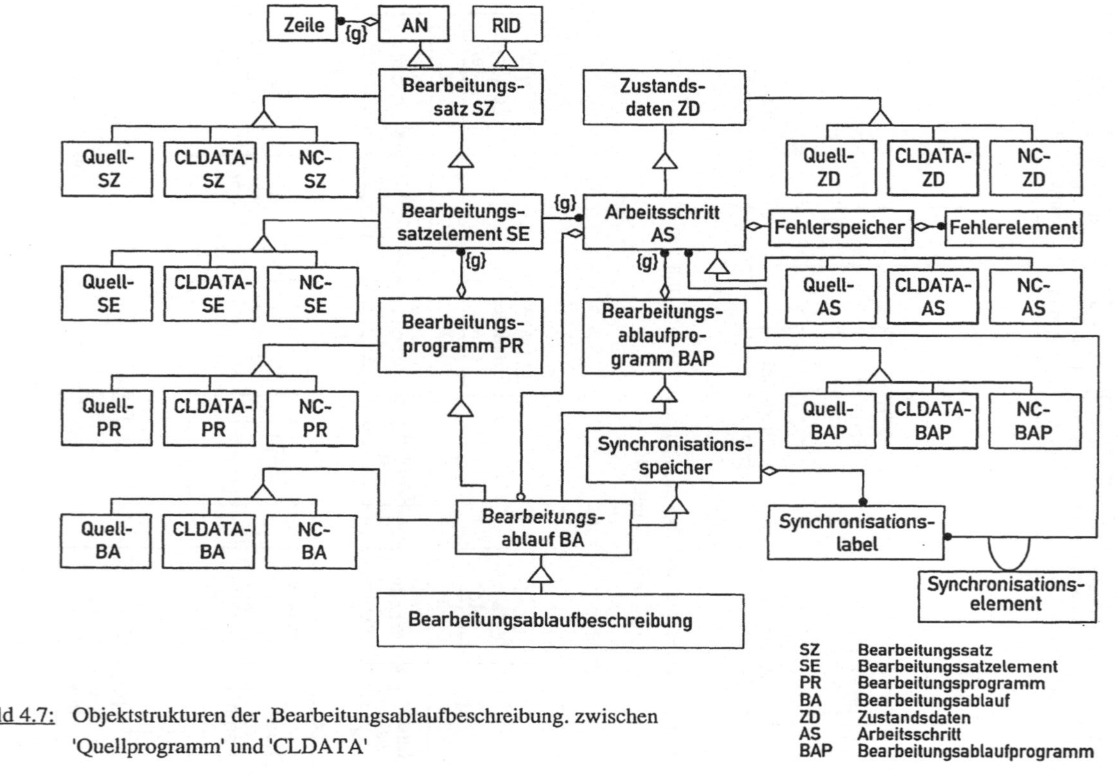

Bild 4.7: Objektstrukturen der .Bearbeitungsablaufbeschreibung. zwischen 'Quellprogramm' und 'CLDATA'

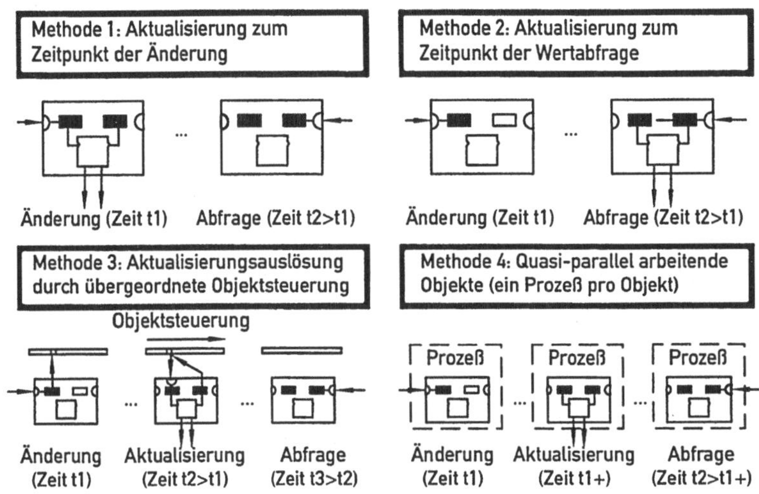

Bild 4.8: Methoden zur Aktualisierung der Objektzustände

In der herkömmlichen Programmierung mit imperativen Programmiersprachen wurde die Datenaktualisierung oft von den die Änderung veranlassenden Programmen mit übernommen. Dies führt jedoch zu einer erheblichen Verteilung ähnlicher Softwareprogrammabschnitte über das Gesamtsystem und somit zu Wartungs- und Weiterentwicklungsproblemen. Für die Konzeptentwicklung unter objektorientiertem Ansatz wird daher folgende Definition getroffen, die im weiteren berücksichtigt wird.

Definition: Ändern sich die Eigenschaften (Attribute) eines Objekts, so hat das Objekt selbst dafür zu sorgen, daß alle seine Repräsentationsformen wieder aktuell gültige Werte annehmen. Alle von den Änderungen betroffenen Objekte haben nötigenfalls Nachrichten zur Aktualisierung ihrer Attribute zu erhalten oder müssen sich diese besorgen können.

Zur Lösung dieser Anforderung sind mehrere Methoden möglich (Bild 4.8). Die Methoden 1...3 sind hauptsächlich für Realisierungen mit Einprozessorsystemen und sequentieller Programmabarbeitung geeignet, wohingegen Methode 4 durch die Aufteilung in unabhängige Prozesse auch auf parallelen Rechnersystemen einsetzbar ist. Ein Vergleich der Eigenschaften der Methoden zeigt ihre unterschiedliche Eignung (Bild 4.9). Methode 1 ist hauptsächlich für Objekte geeignet, bei denen Änderungen direkt die Objektaktualisierung nach sich ziehen und die Aktualität der Daten abhängiger Objekte im Vordergrund steht. Methode 2 unterstützt mehrere Änderungen vor einer Objektaktualisierung; jedoch stellt die Aktualisierung abhängiger Objekte erhöhte Anforderungen an die Implementierung, da die abhängigen Objekte nicht über die Wertänderung benachrichtigt werden.

Eigenschaften	Methode 1	Methode 2	Methode 3	Methode 4
1.Objektaktualisierung 1.1.Aktualisierungs-zeitpunkt 1.2.Informations-aktualität	 -bei Wert-änderung -sehr gut	 -bei der Wert-abfrage -entsprechend Aufwand in 5.	 -nach Wert-änderung -implementie-rungsabhängig	 -nach Wert-änderung -implementie-rungsabhängig
2.Mehrere Änderungen vor der Aktualisierung	-nicht möglich	-günstig	-möglich	-möglich
3.Eignung für Mehr-prozessorrechner	-ungünstig	-ungünstig	-implementie-rungsabhängig	-günstig
4.Rechenaufwand	-hoch (da 2.)	-niedrig	-mittel	-mittel-gering
5.Implementierungs-aufwand	-günstig	-entsprechend Anford. in 1.2	-mittel	-groß
6.Anwendungsbeispiel	-Interne Daten-aktualisierung von .Quell-sätzen.	-Drehzahler-mittlung bei der Zeitbe-rechnung	-Darstellungs-aktualisierung in der Einlese-schleife	-Programmer-stellung und Simulation parallel

Bild 4.9: Bewertung der Aktualisierungsmethoden

Der Einsatz von Methode 3 erfordert eine übergeordnete Objektsteuerung. Dabei 'hängen' sich Objekte, deren Attribute geändert wurden, in eine übergeordnete Verwaltungsliste ein oder werden kontinuierlich auf vorgenommene Änderungen überprüft. Bei Einsatz einer Liste wird diese laufend abgearbeitet, darin enthaltene Objekte werden aktualisiert und wieder aus der Liste gelöscht. Notwendig sind, wie bei Methode 2, Strategien zur Sicherung der Aktualität abhängiger Objekte. Daher eignet sich dieses Verfahren hauptsächlich, wenn sich Änderungen nur auf jeweils ein Objekt auswirken, aber ein quasi-paralleler Programmablauf realisiert werden soll (Beispiel: Änderung der Koordinaten dargestellter Elemente wie Linien und Kreise. Während der Darstellungsaktualisierung können bereits weitere Aktionen beauftragt werden). Methode 4 zeichnet sich durch ähnliche Eigenschaften wie Methode 3 aus, jedoch kann hier auch ein echter Mehrprozessorbetrieb realisiert und somit die Abarbeitungsgeschwindigkeit erhöht werden. Für die im weiteren vorgestellten Ausführungen werden für die Objektaktualisierung innerhalb von Subsystemen hauptsächlich je nach Eignung für den Anwendungsfall die Methoden 1...3 eingesetzt. Methode 4 bietet sich an, wenn rechnerintern weitgehend unabhängig voneinander unterschiedliche Aufgabenstellungen durchzuführen sind (Beispielsweise die Trennung von Teileprogrammerstellung/-verarbeitung von grafisch dynamischer Simulation).

4.2 Abläufe zur Aktualisierung

Aktualisierungsvorgänge im Subsystem .Bearbeitungsablaufbeschreibung. werden durch Eingaben des Nutzers angestoßen. Dabei werden die zur Aktualisierung notwendigen Methoden von den betroffenen Objekten .Quellprogramm., .Quellsatz., .Bearbeitungsablaufprogramm. und .Quell-Arbeitsschritt. sowie den entsprechenden Objekten auf CLDATA-Basis jeweils eigenständig ausgeführt.

Die objektorientierten Strukturen unterstützen es, daß Änderungen im Teileprogramm an allen Auswirkungsstellen berücksichtigt werden können, ohne daß zur Aktualisierung aufwendige Sonderfunktionen entwickelt werden müssen. Für den Ablauf der Aktualisierung ist eine bestimmte Reihenfolge einzuhalten (Bild 4.10). Als erster Schritt werden die Objekte, auf die sich Änderungen direkt auswirken, aktualisiert, und in diesen Objekten ein Änderungsflag gesetzt. Die Objektaktualisierung erfolgt entsprechend Methode 1 in Bild 4.8. Die folgenden Schritte werden nachfolgend im Ablauf der Einleseschleife (Input Loop) abgearbeitet (Aktualisierungsmethode 3). Über Optionen kann eingestellt werden, ob z.B. die Bearbeitungssimulation nach jeder Änderung oder nur auf Anforderung durchgeführt wird. Der Aktualisierungsschritt 1 wird nachfolgend an den Beispielen der Abläufe zum Einfügen eines neuen .Quellsatzes. und Ändern eines bestehenden .Quellsatzes. detailliert.

4.2.1 Einfügen eines neuen .Quellsatzes.

Bild 4.11 zeigt den rechnerinternen Ablauf beim Einfügen eines neuen .Quellsatzes. in das Teileprogramm bis hin zur Erzeugung von CLDATA-Sätzen sowie die Zuordnung der Methoden zu spezifischen Instanzen. Der Nutzer stößt über das .Nutzerinterface. in Form einer Tastatureingabe das .Quellprogramm. an, an einer bestimmten Position einen Satz neu einzufügen. Die Durchführung ist Aufgabe des .Quellprogramms.. Dieses erzeugt einen neuen .Quellsatz., dem nach der Instanziierung die gesamte Funktionalität seiner zugrundeliegenden Klasse zur Verfügung steht (1).

Da das neu erzeugte Objekt .Quellsatz. noch keine Bezüge zu zugeordneten .Quell-Arbeitsschritten. besitzt, beauftragt es das .Bearbeitungsablaufprogramm. mit der Erzeugung. Notwendige Informationen, wie die Liste mit den zugeordneten .Quell-Arbeitsschritten., werden beim aktuellen .Quellsatz. abgefragt und gefiltert, um Quellsatzbezüge auszusondern, die z.B. den letzten Arbeitsschritt einer Satzwiederholung darstellen (4,5). Das .Bearbeitungsablaufprogramm. sorgt für die Instanziierung der neuen .Quell-Arbeitsschritte. (7). Diese stellen ihrerseits wieder Bezüge zum Quellsatz her, das heißt, es werden Referenzen in der .Arbeitsschrittliste. des .Quellsatzes. aufgenommen (8). Zusätzlich zu jeder Referenz wird dort auch ein Änderungsflag geführt, das bei Änderung des Quellsatzinhalts gesetzt wird. Wurde der .Quellsatz. bereits mit Quellsatztext instanziiert, so wird dieser direkt in die RID umgewandelt.

	Aktualisierungsvorgänge	Aktualisierungsmethode
Schritt 1	Änderungen durchführen - Alle direkt betroffenen Objekte aktualisieren. - Änderungsflags setzen.	1
Schritt 2	Arbeitsschritte aktualisieren - Notwendigkeit prüfen - falls erforderlich: - Aktualisieren und Änderungsflags setzen.	3
Schritt 3	Bearbeitungssimulation durchführen - Notwendigkeit prüfen - falls erforderlich: - Simulieren.	3
Schritt 4	Zeiten der Teileprogrammsätze aktualisieren - Notwendigkeit prüfen - falls erforderlich: - Aktualisieren.	3
Schritt 5	Darstellung aktualisieren - Notwendigkeit prüfen - falls erforderlich: - Darstellen.	3

Bild 4.10: Ablauf zur Datenaktualisierung bei Änderungen

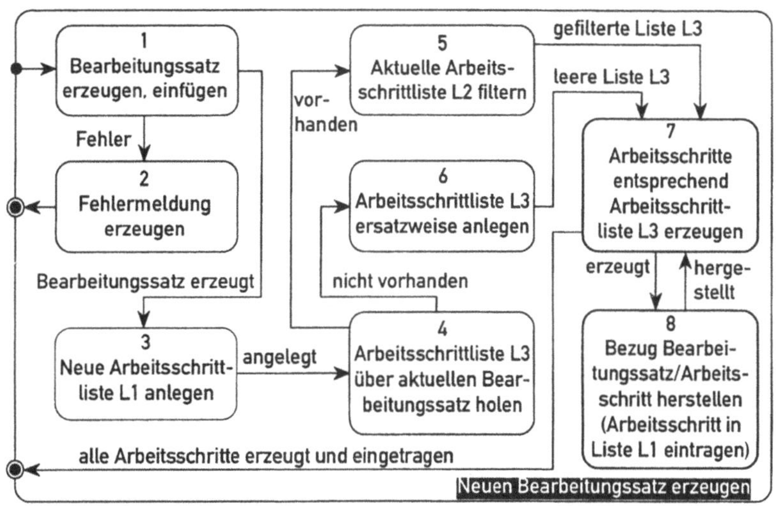

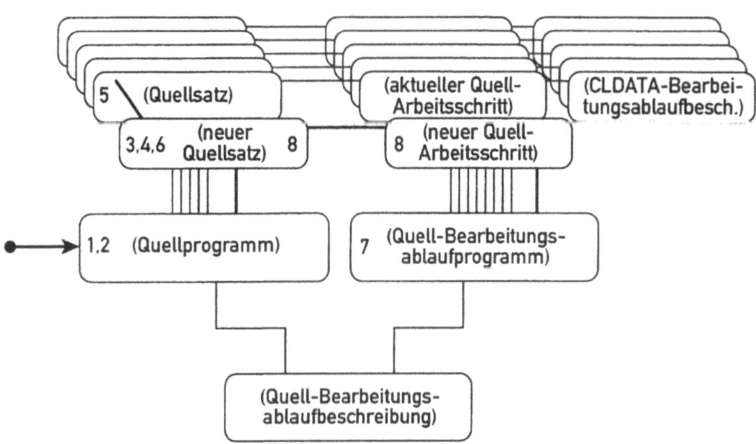

Bild 4.11: Einfügen eines neuen leeren .Quellsatzes. (Methoden und deren Zuordnung zu Instanzen)
(L... Liste)

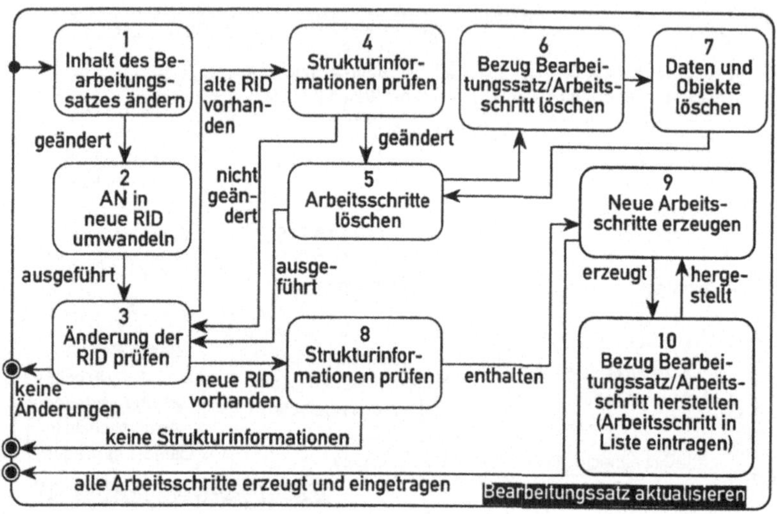

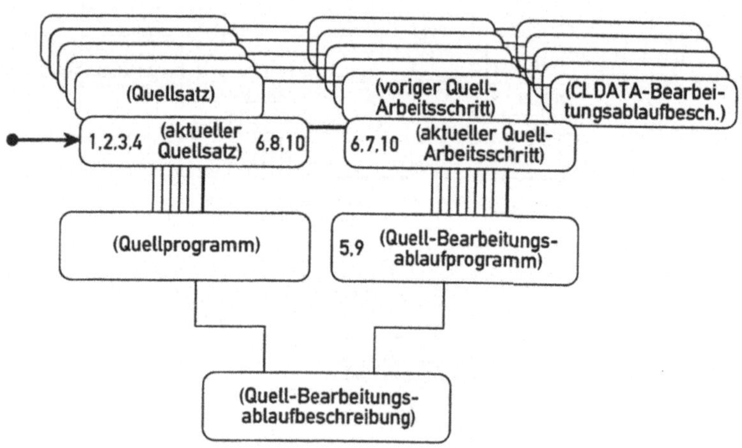

Bild 4.12: Ändern eines bestehenden .Quellsatzes. (Methoden und deren Zuordnung zu Instanzen)

4.2.2 Ändern eines bestehenden .Quellsatzes.

Entsprechend werden auch bereits bestehende .Quellsätze. geändert (Bild 4.12). Bei erfolgreicher Umwandlung von AN in RID (2) wird sowohl in der .Arbeitsschrittliste. bei jedem referenzierten .Quell-Arbeitsschritt. das Änderungsflag gesetzt, als auch die RID auf Strukturinformationen untersucht (z.B. Satzwiederholungsanweisungen) (3). Bei geänderten Sätzen ist ein Vergleich mit den alten Strukturinformationen erforderlich, um Änderungen zu erkennen (4).

Sind Strukturinformationen vorhanden oder wurden diese geändert, so werden zuerst über das .Quell-Bearbeitungsablaufprogramm. alle unnötigen .Quell-Arbeitsschritte. gelöscht (5,6,7). Dann werden entsprechend den neuen Strukturinformationen (8) alle referenzierten .Quell-Arbeitsschritte. beauftragt, den Inhalt des .Bearbeitungsablaufprogramms. zu aktualisieren (9,10). Hierzu sind in den .Quell-Arbeitsschritten. besondere Vorkehrungen dadurch zu treffen, daß jeweils die Schachtelungstiefe mit abgespeichert wird. Bild 4.13 stellt Regeln für das Einfügen von Arbeitsschritten vor. Die neuen Ar-

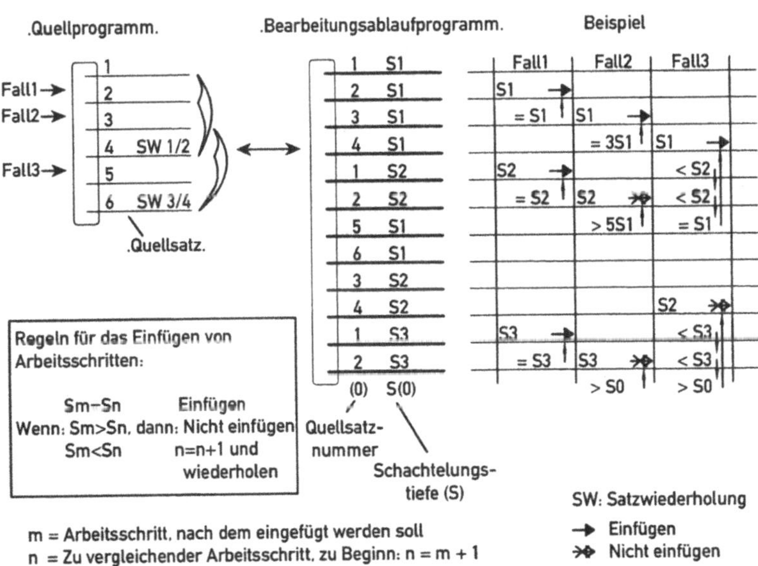

Bild 4.13: Regeln für das Einfügen von .Arbeitsschritten. bei Satzwiederholungen

beitsschritte stellen wieder, wie bereits beschrieben, Bezüge zu den zugeordneten Quellsätzen her.

4.2.3 Aktualisierung der .Arbeitsschritte.

Nach der Aktualisierung des strukturellen Aufbaus des .Quell-. und des .Bearbeitungsablaufprogramms. wird entspre-chend Methode 3 in Bild 4.8 das .Bearbeitungsablaufprogramm. vor der Bildschirmaktualisierung angestoßen, um eventuell durchgeführte Änderungen wieder durchgängig zu aktualisieren (Bild 4.14). Es enthält ein Änderungsflag, das bei Änderungen gesetzt wird. Nach Änderungen werden die .Quell-Arbeitsschritte. schrittweise durchlaufen und angestoßen (A1).

Diese überprüfen, ob Änderungsflags in den zugehörigen .Quellsätzen. oder in den .Zustandsdaten. des vorangegangenen .Quell-Arbeitsschritts. gesetzt sind (A2,A3). Falls dies zutrifft, wird der .Quell-Arbeitsschritt. mit der Aktualisierung beauftragt (A4). Hierzu wird eine eventuell vorhandene .CLDATA-Bearbeitungsablaufbeschreibung. gelöscht (U1). Ist der Satz syntaktisch und semantisch fehlerfrei, instanziiert der .Quell-Arbeitsschritt. eine neue .CLDATA-Bearbeitungsablaufbeschreibung. (U2), verarbeitet den .Quellsatz. und erzeugt dabei die .CLDATA-Sätze. (U3,U4). Diese werden wiederum bezüglich den enthaltenen Strukturinformationen aktualisiert (U5). Ein neues Objekt .Zustandsdaten. wird erzeugt und beauftragt, seinen Zustand mit dem des eventuell vorhandenen alten Objekts .Zustandsdaten. zu vergleichen (A5,A6). Bei Ungleichheit wird im neuen Objekt ein Änderungsflag gesetzt, so daß der folgende .Quell-Arbeitsschritt. im weiteren Aktualisierungsablauf erkennen kann, daß eine Änderung vorliegt (A7). Der Versuch, den Inhalt eines .Quellsatzes. zu verarbeiten, schlägt fehl, wenn kein syntaktisch und semantisch richtiger Satz eingegeben wurde; eine Instanziierung von CLDATA-Sätzen und Zustandsdaten kann dann zu diesem Zeitpunkt nicht erfolgen.

Unabhängig von den vorhergehenden Aktualisierungsabläufen wird, falls vorhanden, der untergeordnete .CLDATA-Bearbeitungsablauf. zur Aktualisierung angestoßen (A8). Dies ist notwendig, um sicherzustellen, daß z.B. bei geänderten Zustandsdaten auf 'NC-Steuerdaten'-Ebene bei nicht geänderten .Quellsätzen. die nachfolgenden .NC-Arbeitsschritte. auch aktualisiert werden. Die Abläufe hierbei gleichen denen zur Aktualisierung des .Quell-Bearbeitungsablaufs.. Jedoch sind zur Aktualisierungsprüfung zusätzliche Ermittlungsmethoden erforderlich. Der hauptsächliche Unterschied liegt darin, daß das .Quellprogramm. und das .Quell-Bearbeitungsablaufprogramm. nur einmal angelegt

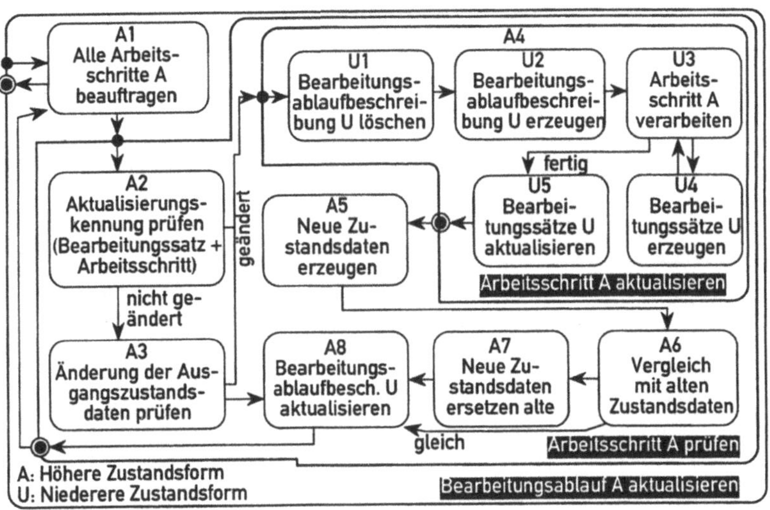

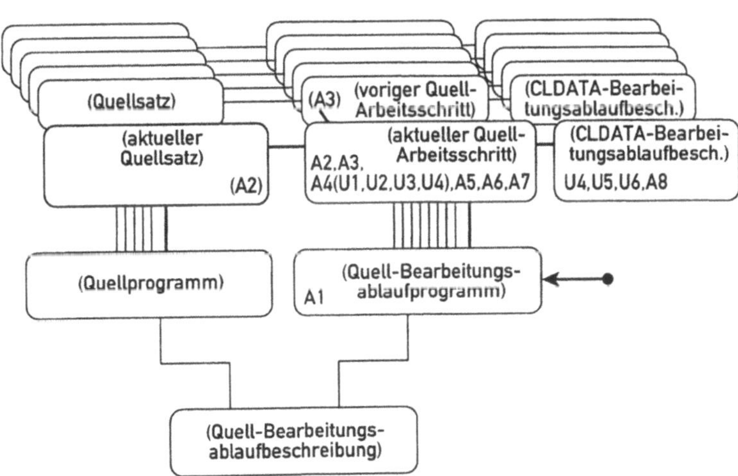

Bild 4.14: Aktualisieren des geänderten Bearbeitungsablaufs (Methoden und deren Zuordnung zu Instanzen)

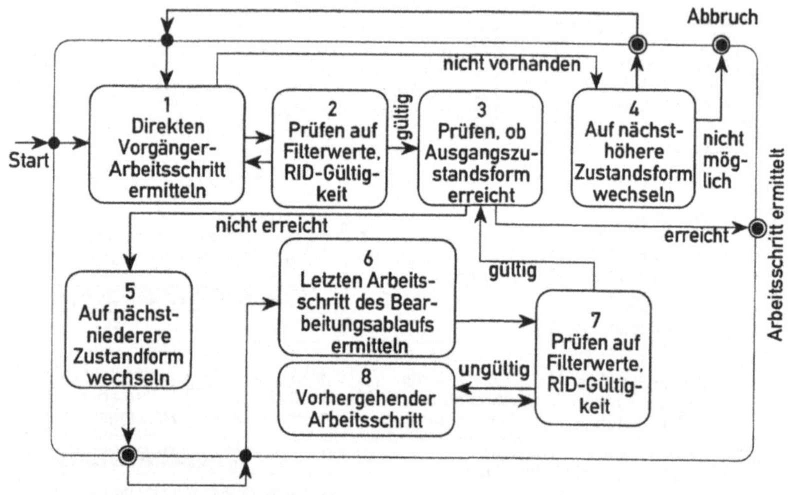

Bild 4.15: Vorgehensweise zur Ermittlung von Vorgängerelementen

werden. Für jeden .Quell-Arbeitsschritt. ist jedoch jeweils eine zugehörige .CLDATA-Bearbeitungsablaufbeschreibung. nötig.

Es sind Methoden zu integrieren, die die Ermittlung der .Zustandsdaten. des bearbeitungsablaufabhängigen Vorgängerelementes erlauben (Bild 4.15). Hierbei sind unter Umständen rekursiv Ermittlungsschritte über mehrere Ebenen erforderlich. An dieser Stelle erweist sich wieder die OOP als sehr vorteilhaft, da zum Ermitteln nur eine Objektmethode angesprochen werden muß, der das aktuell gültige Filter übergeben wird. Je nach Anforderung beauftragt diese Methode weitere Objekte.

4.3 Integration bestehender Funktionsbausteine

Zur Realisierung des vorgestellten Aufbaus ist eine Vorgehensweise anzustreben, bei der vorhandene Module bestehender NC-Programmiersysteme weiterverwendet werden können. Zur Lösung dieser Problematik ist ein Vergleich zwischen imperativen und objektorientierten Strukturen erforderlich (Bild 4.16).

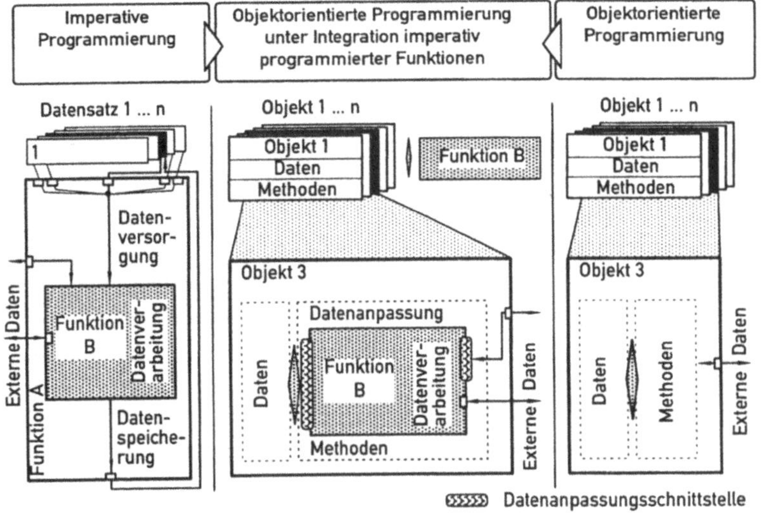

Bild 4.16: Integration imperativ programmierter Funktionen in Objekte

Bei der imperativen Programmierung können verschiedene Objekte in Form von einzelnen Datensätzen vorliegen. Um diese Datensätze über eine Funktion B zu verarbeiten, wird diese mit dem entsprechenden Datensatz über eine übergeordnete Funktion A versorgt, die auch die Speicherung der geänderten Daten übernimmt. Bei der objektorientierten Programmierung sind Daten und Methoden in einem Objekt zusammengefaßt, so daß die Datenversorgung und Datenspeicherung entfällt. Um imperativ programmierte Funktionen in Objekte zu integrieren, wird die Funktion B als Objektmethode in das Objekt integriert. Zur Datenversorgung und -rückspeicherung sind Datenanpassungsschnittstellen erforderlich, die entsprechend Funktion A bei der imperativen Programmierung Funktion B die gewünschten Daten übergibt. Dies betrifft auch Daten, die über die Objektschnittstelle mit anderen Objekten ausgetauscht werden. Ist Funktion A zusätzlich mit anderen imperativ programmierten Funktionen verknüpft, so bleiben die hierzu eingesetzten Schnittstellen unverändert.

Ein zentrales Modul, das zur Weiterverwendung prädestiniert ist, stellt der NC-Processor dar. Dieser läßt sich zusammen mit den Bausteinen für technologische Ermittlungen,

Zyklenverarbeitung usw. übernehmen. Als Eingangsschnittstelle dienen hierbei Teileprogrammsätze und als Ergebnisschnittstelle das auch bisher bereits erzeugte CLDATA. Der Teil des NC-Processors, der Einzelsätze verarbeitet, wird hierbei in das Objekt .Quell-Arbeitsschritt. als Objektmethode eingegliedert und ersetzt die vorgesehenen Funktionen "Semantische Analyse", "Informationswandlung", "CLDATA-Satz-Generierung" sowie den Zugriff und die Generierung von Zustandsdaten und den Zugriff auf das Schnittwertmodell und die Werkzeugverwaltung (Bild 4.17).

Entsprechend können Postprocessorfunktionalitäten behandelt werden, die im Objekt .CLDATA-Arbeitsschritt. eingebunden werden, um so die Anpassung des maschinenneutralen Teilepro-gramms an die maschinenspezifische Beschreibungssprache funktional abgedeckt zu haben. Außerdem sind zusätzliche Angaben über maschinenspezifische Verhaltensweisen, wie beispielsweise Zeitangaben, enthalten.

Weitere weiterverwendbare Funktionen betreffen die Umwandlung von Quell-, CLDATA- und NC-Sätzen in die rechnerinterne Darstellung RID und zurück. Diese Funktionen werden in die Objekte .Quellsatz., .CLDATA-Satz. und .NC-Satz. eingebunden, da sie die dort vorgesehenen Funktionen "Lexikalische Analyse", "Syntaktische Analyse" und "Code-Generierung" funktional enthalten. Zur zeitlichen Optimierung des Berechnungsablaufs bietet es sich jedoch an, während der Teileprogrammerstellung auf das Erzeugen und Interpretieren der CLDATA und der NC-Syntax nach DIN 66025 zu verzichten und eine rechnerinterne Darstellungsform zu wählen (siehe Kapitel 6.2).

Sonstige Möglichkeiten bestehen im Bereich der Eingabehilfsmittel (Bildschirmmasken, etc.). Sie können bei Eignung in die jeweils zuständigen Objekte mit eingebunden werden. Maßgebend für die Realisierung einer Integration ist es, inwieweit die vorliegenden Funktionen zu Objekten passende Ein- und Ausgabeschnittstellen besitzen und nur adaptionsgeeignete Zugriffe auf andere Objekte ausführen. Es zeigt sich, daß Funktionen, die weitgehend unter modularen Gesichtspunkten entworfen wurden, durchaus gut in ein objektorientiertes Konzept integriert werden können. Es empfiehlt sich jedoch, diese nach und nach objektorientiert zu überarbeiten.

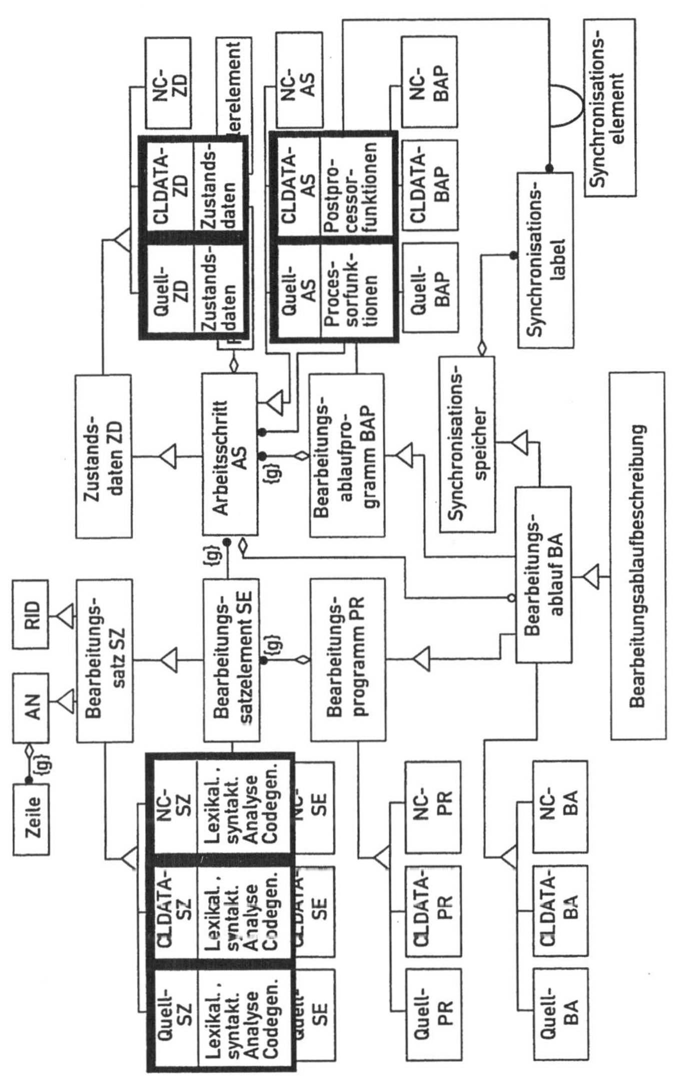

Bild 4.17: Integration bestehender Funktionsbausteine

4.4 Zusammenfassende Bewertung

Die entwickelte Vorgehensweise ermöglicht die Verarbeitung von Quellprogrammen zu NC-Steuerdaten in einem integrierten Ablauf. Dabei werden Aktualisierungsmaßnahmen über eine zugeschnittene Objektstruktur so unterstützt, daß nach Programmänderungen nur an den erforderlichen Stellen aktualisiert wird. Erkannte Fehler (beispielsweise Postprocessorfehler) können durch die durchgängige Vernetzung zwischen Quellprogramm und NC-Steuerdaten direkt beim verursachenden Quellsatz mit angezeigt werden. Die entwickelten Objektstrukturen stellen sowohl die Grundlage für eine aufgabengerechte Visualisierung und Programmierung von parallelen Bearbeitungsvorgängen als auch zur Bearbeitungssimulation dar, da sie notwendige Ausgangsdaten bereits während der Programmerstellung durchgängig zur Verfügung stellen und der Rückbezug von berechneten Bearbeitungszeiten und technologischen Werten von den NC-Sätzen zu den Teileprogrammsätzen einfach möglich ist.

5 Simulation des Bearbeitungsablaufs

Zur Berücksichtigung der Bearbeitungszeiten und Synchronisationen bei der Darstellung ist die **Simulation der Bearbeitungsvorgänge** notwendig. Dies erfolgt im Subsystem .Bearbeitungssimulation.. Hierzu müssen zum einen rechnerintern Eigenheiten der jeweiligen Werkzeugmaschine berücksichtigt und zum anderen Zeiten und technologische Daten ermittelt und mit den zugeordneten .Quellsätzen. verknüpft werden.

5.1 Anpassung an unterschiedliche Steuerungen und Werkzeugmaschinen

Zur anforderungsgerechten Simulation programmierter Bearbeitungsvorgänge sind maschinen- und steuerungsspezifische Eigenheiten zu berücksichtigen, da sich die ansonsten ermittelten Daten wesentlich von den tatsächlichen, auf der Maschine gegebenen, unterscheiden können. Es müssen jedoch nur die Teilfunktionen von Steuerungen nachgebildet werden, die für eine aussagekräftige Simulation notwendig sind. Funktionsbausteine einer Steuerung, wie beispielsweise Bildschirmein-/-ausgabe und Lageregelung, die auf die Simulationsergebnisse keinen oder nur geringen Einfluß haben, werden nicht berücksichtigt. Die benötigten Teilfunktionen werden von dem in der Aufgabenstellung vorgestellten Modul zur Simulation des Bearbeitungsablaufs mit Berechnung der Zeiten für 2x2-Achsen-Drehmaschinen bereits weitgehend bereitgestellt. Notwendig sind Erweiterungen, die die Anforderungen der Mehrschlittenbearbeitung berücksichtigen, wie z.B. durch neu hinzukommende Synchronisationsverfahren, und die Integration in die objektorientierte Systemstruktur.

Eine Werkzeugmaschine (WZM) ist aus Baugruppen, wie beispielsweise Werkzeug-, Werkstückträgern (Spindeln), Maschinengestell, Werkzeugen, etc. aufgebaut. Auf der NC der 'realen' Werkzeugmaschine erfolgt eine Aufteilung der NC-Steuerprogramme auf die NC-Einheiten, die entsprechend den Bewegungsvorschriften die Werkzeugträger und Spindeln ansteuern. Dabei unterscheiden sich die verschiedenen Werkzeugmaschinen durch Anzahl und Zuordnung von Werkzeugträgern und Spindeln.

Für ein NC-Programmiersystem ist es jedoch notwendig, eine möglichst allgemeingültige Abbildung der in den Steuerungen gegebenen NC-Datenverarbeitung zu verwirklichen. Daher wird an dieser Stelle der Begriff der **Bearbeitungseinheit** eingeführt. Ihre Aufgabe ist die Steuerung aller Achsen, die zur Erzeugung der Wirkbewegungen **eines Wirkpaars Werkstück-Werkzeug** notwendig sind /38/. Eine Bearbeitungseinheit stellt keine physische Einheit, wie z.B. einen Werkzeugträger, sondern eine logische, programmtechnisch realisierte Einheit dar, die die Steuerung der Achsen eines Werkzeugträgers und eines Werkstückträgers (Spindel) übernimmt und damit die Funktionen einer NC-Einheit abbildet. Die Zuordnung zu Werkzeug- und Werkstückträger kann jedoch im Bearbeitungsablauf gelöst und durch andere Verweise ersetzt werden.

In Bild 5.1 sind Beispiele von Bearbeitungseinheiten aufgeführt, deren Gültigkeit im Bearbeitungsablauf oft nur temporär ist. Auch kann sich der Einsatzzweck einer Baugruppe als Werkzeugträger oder als Werkstückträger im Ablauf der Bearbeitung ändern (z.B. bei Einsatz der Synchronisationsspindel im Maschinengrundsystem 3). Die Situation im Maschinengrundsystem 1 stellt einen Standardzustand bei der Mehrschlittenbearbeitung dar, der von einem der drei weiteren Grundsysteme während des Bearbeitungsablaufs abgelöst werden kann. Bestimmte Zustandsformen von Bearbeitungseinheiten schließen sich gegenseitig aus, wie beispielsweise Bearbeitungseinheit 1 in Maschinengrundsystem 2 und die Bearbeitungseinheiten 1 und 2 in Maschinengrundsystem 1. Hierzu müssen Bearbeitungseinheiten mehrere Zustandsformen annehmen und in bestimmten Fällen temporär deaktiviert werden können.

Notwendig ist die Entwicklung einer allgemeingültigen Beschreibungsmöglichkeit für die unterschiedlichen Aufbauarten der Maschinengrundsysteme und der Bearbeitungseinheiten. Diese soll sich nach der bei der Teileprogrammeingabe vorgegebenen Unterscheidung nach Werkzeugträgern ausrichten und die dynamische Baugruppenzuordnung der Zustandsformen der Bearbeitungseinheiten erlauben.

5.2 Ablauf der Bearbeitungssimulation in einer objektorientierten Programmstruktur

Auf Basis der Festlegungen aus dem vorangegangenen Kapitel wird die .Bearbeitungssimulation. sowie deren Einbindung in die objektorientierte Systemstruktur dargelegt. Auch hier zeigt der objektorientierte Systementwurf Vorteile, da die .Bearbeitungseinheiten. und die .Baugruppen. der Werkzeugmaschine je nach Konfiguration zur Laufzeit des NC-Programmiersystems als Objekte instanziiert werden können.

In Bild 5.2 ist der grundlegende, objektorientierte Aufbau einer NC-Werkzeugmaschine dargestellt. Diese besteht aus .Baugruppen., .Kopplungselementen. und der .Steuerung..

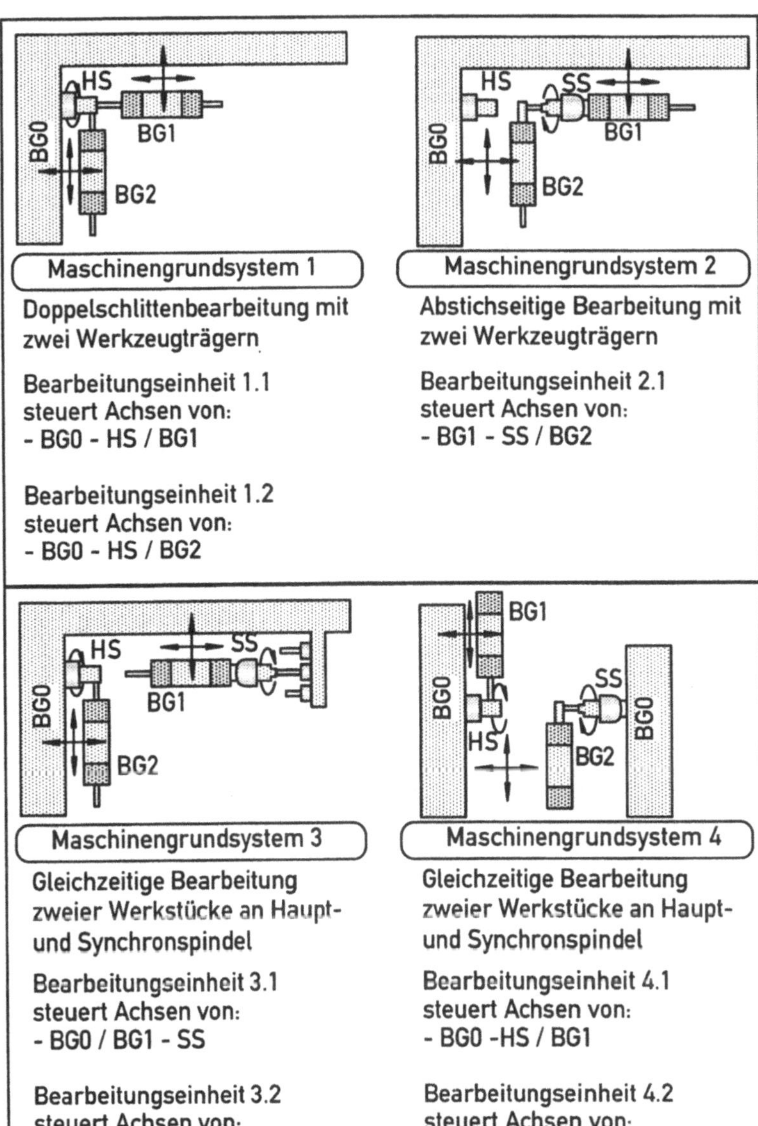

Bild 5.1: Beispiele für Bearbeitungseinheiten

Die .Baugruppen. der Werkzeugmaschine, wie .Werkzeugträger. und .Spindeln., sowie die .Werkzeuge. werden über die .Kopplungselemente., die .Achsen. oder .feste Verbindungen. darstellen können, miteinander verknüpft. Auf diese Weise läßt sich die kinematische Kette der Werkzeugmaschine konfigurieren. Die .Bearbeitungseinheiten. wiederum stellen Elemente der .Steuerung. dar. Um verschiedene Zustandsformen annehmen zu können, enthält jede .Bearbeitungseinheit. eine Liste möglicher Zustandsformen, die wiederum kennzeichnende Informationen für die Quellprogramminterpretation und Bezüge zu den Werkzeugträgerachsen und der Spindelachse enthält.

Die Schnittstelle zur .Bearbeitungsablaufbeschreibung. entspricht vom Informationsinhalt weitgehend den NC-Steuerdaten nach DIN 66025 (Bild 5.3). Jedoch liegen die Daten noch in Form unverschlüsselter Parameter vor. Die Informationen dieser Schnittstelle werden daher auch im weiteren als NC-Steuerdaten bezeichnet.

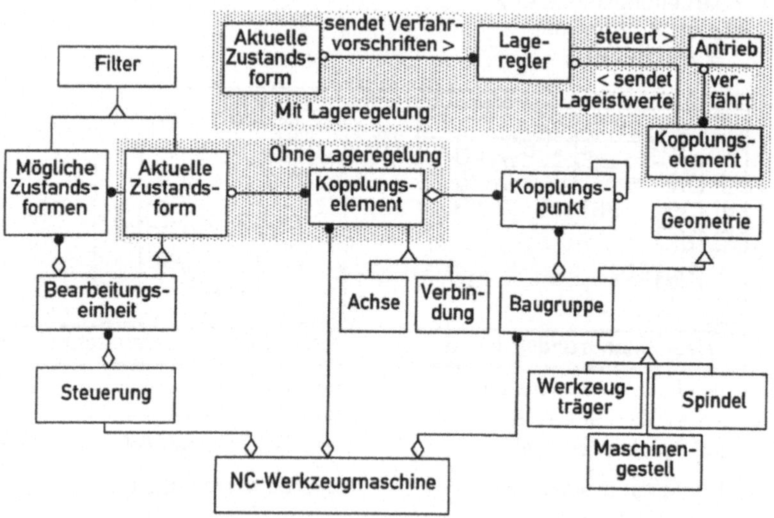

Bild 5.2: Objektorientierter Aufbau einer NC-Werkzeugmaschine

Die Abläufe bei zwei Werkzeugträgern pro Spindel wurden von Lederer /14/ bereits behandelt. Dieser Ansatz wird aufgegriffen und in die objektorientierte Struktur integriert. Die Vorgehensweise im Subsystem .Bearbeitungssimulation. stellt sich entsprechend

Bild 5.4 dar. Die .Bearbeitungseinheiten. enthalten die Methoden zur Verarbeitung der Steuerdaten.

Informationsinhalt der Datenschnittstelle zwischen .Bearbeitungsablaufbeschreibung. und .Bearbeitungssimulation.	
Allgemeine Informationen	- Programmbenennung - Maschinennummer - Werkstoff
Informationen je Datensatz	
Werkzeugträgerbezogen	- Werkzeugträgeranwahl - Verfahrwegkoordinaten - Vorschub, Vorschubverschlüsselung
Für angetriebene Werkzeuge zusätzlich:	- Bearbeitungsebene - Drehzahl, Drehrichtung
Werkstückträgerbezogen	
Drehbearbeitung:	- Drehzahl, Drehrichtung, Grenzdrehzahl
Angetriebene Werkzeuge:	- Ausrichtung, Drehgeschwindigkeit
Werkzeugspezifisch	- Identnummer, Korrekturwerte - Durchmesser, Radius, Quadrant - Schneidstoff
Schnittwert bestimmend	- Schnittgeschwindigkeit
Bearbeitungseinheiten-zuordnend	- Werkzeugträger, Werkstückträger

Bild 5.3: Informationsinhalt der Schnittstelle zwischen .Bearbeitungsablaufbeschreibung. und .Bearbeitungssimulation.

Sie werden von der .Steuerung. zuerst initialisiert und dann zyklisch angestoßen. Die .Bearbeitungseinheit. mit der aktuell kleinsten bereits berechneten Gesamtzeit kann jeweils einen Satz oder einen Teil davon verarbeiten. Die Steuerdaten werden aus der .Bearbeitungsablaufbeschreibung. gelesen. Die führende .Bearbeitungseinheit. (diejenige, die als letzte Spindelangaben definiert hat) gibt den Drehzahlverlauf der Spindelachse vor. Eine abhängig arbeitende .Bearbeitungseinheit. kann sich von der .Spindelachse. den parametrisierten Drehzahlverlauf ermitteln und die abhängige Bewegung zeitlich soweit berechnen, wie die führende Bearbeitung bereits gerechnet wurde. Kommunikation zwischen den .Bearbeitungseinheiten. findet statt, wenn im Bearbeitungsablauf zu synchronisieren ist. Bei mehreren Werkzeugträgern pro Spindel sind zusätzliche Synchronisationsverfahren möglich, die Anforderungen bezüglich einer universellen Synchronisationsabhandlung stellen, mit der alle durch ein NC-Programmiersystem abzudeckenden Synchronisationsverfahren einheitlich behandelt werden können.

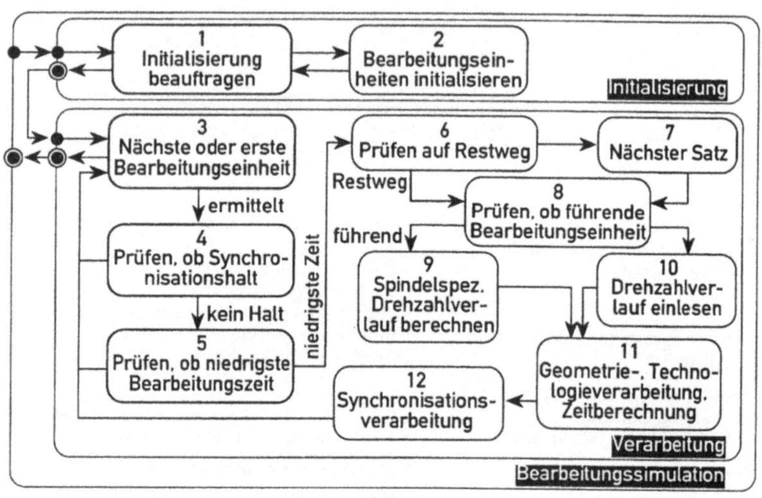

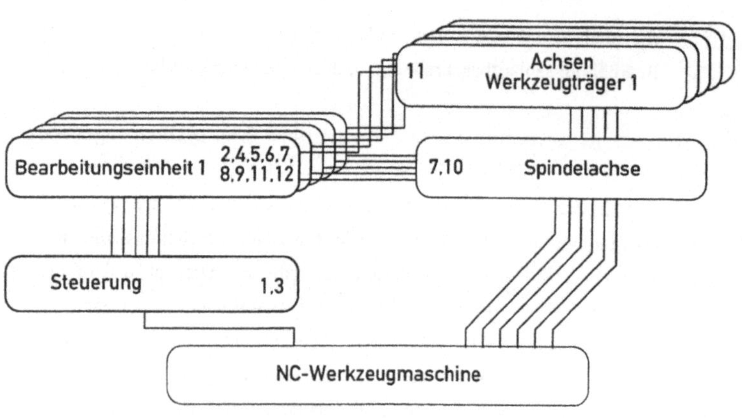

Bild 5.4: Ablauf der Bearbeitungssimulation

5.3 Synchronisation des Bearbeitungsablaufs

Mehrschlittendrehmaschinen unterscheiden sich in der Art der Abhandlung von Synchronisationen in der Steuerung. Dies erfordert eine Analyse des möglichen Informationsgehalts von Synchronisationsangaben und der Vorgehensweise, wie sie in industriellen Steuerungen abgehandelt werden.

In Bild 2.9 wurden bereits Beispiele für die Synchronisation des Bearbeitungsablaufs auf drei unterschiedlichen CNC-Drehmaschinen gezeigt. Als Standardsynchronisationsverfahren bei Doppelschlittendrehmaschinen (2x2-Achsen) werden die NC-Einheiten gegenseitig in beiden NC-Programmen synchronisiert. Die NC-Einheit, die früher am Synchronisationsbefehl angelangt, wartet mit der weiteren Abarbeitung des NC-Programms, bis die zweite NC-Einheit ebenfalls ihre Synchronisationsmarke erreicht.

Bei mehr als zwei Werkzeugträgern oder NC-Einheiten erhöhen sich die Anforderungen an die Synchronisationsverarbeitung. Werden nicht alle NC-Einheiten gleichzeitig miteinander synchronisiert, so müssen die Synchronisationsbefehle Aussagen über die NC-Einheit enthalten, bezüglich der sie ihre Synchronisationsfunktion geltend machen sollen. Auch sind Synchronisationsverfahren im Einsatz, bei denen nur eine NC-Einheit angehalten wird. Bild 5.5 faßt Merkmale zusammen, die Synchronisationsverfahren unterscheiden. Die Zuordnung zusammengehöriger Synchronisationsangaben der verschiedenen NC-Programme erfolgt entsprechend dem Programmablauf.

Identifizierende Angaben über Synchronisationen werden nicht verwendet, obwohl diese eine Kontrolle über die richtige Reihenfolge der Synchronisationsabhandlung ermöglichen. Synchronisationsangaben haben sowohl Auswirkungen auf den eigenen als auch auf weitere NC-Einheiten. Für die eigene NC-Einheit kann ein Halt mit anschließendem Warten auf eine Freigabe gesetzt werden. Entsprechend erfolgt für beteiligte NC-Einheiten entweder eine Freigabe oder keine Informationsübermittlung. Bei einigen wenigen Maschinen ist es möglich, die Synchronisationsabhandlung mit zusätzlichen Bedingungen zu versehen (INDEX GB-Maschinen /3/). Dies erlaubt beispielsweise einen verzögerten Start bei der Bearbeitung im selben Geometriebereich. Derzeit werden allerdings nur geometrische Zusatzbedingungen unterstützt.

Ein entscheidendes Merkmal für die Komplexität der **Abhandlung von Synchronisationen** ist die Anzahl der Werkzeugträger, die in einer Spindellage zusammengeschaltet und deren NC-Einheiten gegenseitig synchronisierbar sind. Bei nur zwei Werkzeugträgern liegt generell die beidseitige Synchronisationsabhandlung vor, bei der die zu synchronisierenden NC-Einheiten implizit bekannt sind. Bei mehreren Werkzeugträgern kann zusätzlich noch unterschieden werden, welche NC-Einheit die **Synchronisationsauflösung** übernimmt. Dies kann zum einen die gestoppte NC-Einheit sein, die den Ablauf des zugehörigen zweiten NC-Programms überwacht und auf eine Freigabebedingung wartet, oder der Synchronisationshalt einer NC-Einheit wird durch eine andere NC-Einheit über eine Synchronisationsfreigabe aufgehoben. Bild 5.6 stellt grundlegende Synchronisationsverfahren für die Synchronisationsabhandlung vor. Es wird in Verfahren mit **beidseitiger** und mit **einseitiger** Synchronisation unterschieden.

Unterscheidungsmerkmal	Merkmalsausprägungen
Synchronisationsidentifikation	- Über Synchronisationsname. - Keine.
Synchronisationszuordnung	- Im Befehlswort. - Implizit bekannt.
Auswirkungen auf die aktive NC-Einheit	- Stopp mit Warten auf Freigabe. - Kein Stopp.
Auswirkungen auf die beteiligte NC-Einheit	- Freigabe. - Keine Auswirkung.
Synchronisationszusatzbedingungen	- Geometrie- und Satznummernbezug. - Zeitliche Bedingungen.
Anzahl Werkzeugträger / Spindellage	- >1.
Anzahl NC-Einheiten / Synchronisation	- >1.
Synchronisationsdurchführungsart	- Beidseitige Synchronisationsabhandlung durch beide NC-Einheiten. - Einseitige Synchronisationsabhandlung durch gestoppte NC-Einheit. - Einseitige Synchronisationsabhandlung durch nicht gestoppte NC-Einheit.

Bild 5.5: Unterscheidungsmerkmale von Synchronisationsverfahren.

Bei der beidseitigen Synchronisation steuern sich zwei NC-Einheiten gegenseitig, wobei die NC-Einheit, die zuerst bei der Abarbeitung des NC-Programms auf eine Synchronisationsangabe stößt, auf die andere wartet (Bild 5.6 beidseitige Synchronisation). Bei der einseitigen Synchronisation 1 Bild 5.6 enthält nur die zu stoppende NC-Einheit eine Synchronisationsangabe. Diese kann sich beispielsweise auf einen bestimmten Satz einer anderen NC-Einheit beziehen und mit Zusatzbedingungen versehen sein. Die wartende

NC-Einheit prüft selbst auf die Erfüllung der Synchronisationsbedingungen ab und gibt danach die weitere Satzabarbeitung frei. Bei diesem Synchronisationsverfahren wird die beteiligte NC-Einheit nicht durch Synchronisationshalts beeinflußt. Bei der einseitigen Synchronisation 2 Bild 5.6 erhält die nicht gestoppte NC-Einheit die Masterfunktion. Die zu synchronisierende NC-Einheit setzt sich selbst durch eine Synchronisationsangabe auf Stopp, jedoch ohne Kennzeichnung der freigebenden NC-Einheit. Erst wenn eine nicht gestoppte NC-Einheit eine Freigabekennung auf die gestoppte NC-Einheit anstehen hat, wird diese freigegeben. In Bild 5.7 sind die Merkmale der vorgestellten Synchronisationsverfahren aufgelistet.

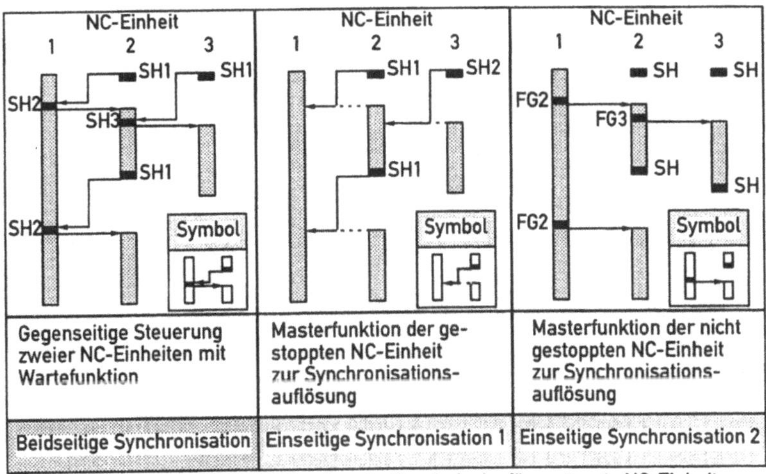

Bild 5.6: Grundlegende Synchronisationsverfahren.

Das NC-Programmiersystem muß in der Lage sein, die vorgestellten Synchronisationsverfahren abzubilden und zu verarbeiten. In NC-Programmiersystemen ist es nicht sinnvoll, die einseitige Synchronisation 1 Bild 5.6 mit nur einer Synchronisationsangabe in der gestoppten NC-Einheit durchzuführen, da der Bezug in den NC-Programmen über die NC-Satznummer hergestellt wird. Da keine Nachteile damit verbunden sind, wird auch im Bearbeitungssatz der freigebenden NC-Einheit eine Synchronisationskennung mit eingegeben, die jedoch gesondert gekennzeichnet ist, um einen Synchronisationsstopp der eigenen NC-Einheit zu vermeiden (Bild 5.8). Zusätzlich können bei einseitigen Synchronisationen je nach Funktionalität der Steuerung geometrische Zusatzbedingungen mit angegeben werden. Diese werden im Ablauf des nachfolgenden Quellsatzes verarbeitet. Die Auflösung der Satzunterteilung übernehmen entsprechende Postprocessorfunktionen.

Merkmal	Beidseitige Synchronisation	Einseitige Synchronisation 1	Einseitige Synchronisation 2
- Synchronisationsrepräsentation	Befehlswort	Befehlswort	Befehlswort
- Synchronisationszuordnung	Implizit	Im Befehlswort	Im Befehlswort
- Aktion der zu synchronisierenden NC-E			
.. bezüglich sich selbst	Stopp	Stopp	Stopp
.. bezüglich beteiligter NC-E	Freigabekennung	Freigabeprüfung	-
- Aktion synchronisationsauflösende NC-E			
.. bezüglich sich selbst	Stopp	-	-
.. bezüglich synchronisierter NC-E	Freigabekennung	-	Freigabekenn.
- Synchronisationszusatzbedingungen	-	Geometrisch	-
- Anzahl NC-E	2	5	3
- Anzahl zu synchronisierender NC-E	2	2	2
- Satzabarbeitung der synchronisationsauflösenden NC-E	Satzlesehalt	Kein Satzlesehalt	Satzlesehalt
- Synchronisationsausführungsprüfung	Nicht nötig	Ja	-
- Synchronisationsdurchführungszeitpunkt	Zum Satzende	Zum Satzende	Zum Satzende

NC-E: NC-Einheit

Bild 5.7: Merkmale von drei unterschiedlichen Synchronisationsverfahren

Für die Nachbildung treten an die Stelle der NC-Einheiten der realen Steuerungen die Bearbeitungseinheiten. Diese führen entsprechend der weiteren Detaillierungen die Synchronisationsabhandlung **ablauforientiert** nicht direkt korrespondierend durch. Für die Teileprogrammerstellung wird zusätzlich eine Kontrolle der richtigen Zuordnung zwischen zusammengehörigen Synchronisationsangaben gefordert. Als Lösung wird eine **bezeichnungsorientierte** Synchronisationsabhandlung entwickelt, bei der über korrespondierende Synchronisationsnamen die Zuordnung bereits im Vorfeld der Bearbeitung geprüft und gegebenfalls korrigiert werden kann. Damit kommen innerhalb des Programmiersystems zwei getrennte Vorgehensweisen zur Synchronisationsabhandlung zum Einsatz, die über unterschiedliche Methoden abzuarbeiten sind. Als erstes wird im folgenden die ablauforientierte Synchronisationsabhandlung im Subsystem .Bearbeitungssimulation. vorgestellt.

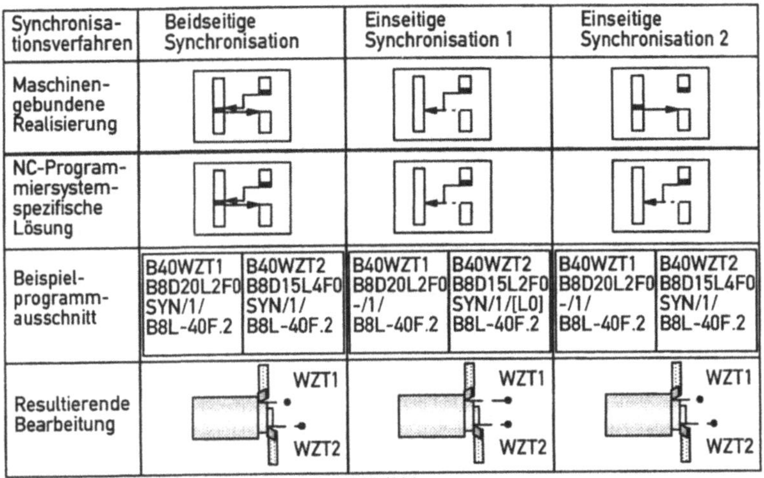

Synchronisa-tionsverfahren	Beidseitige Synchronisation		Einseitige Synchronisation 1		Einseitige Synchronisation 2	
Maschinen-gebundene Realisierung						
NC-Program-miersystem-spezifische Lösung						
Beispiel-programm-ausschnitt	B40WZT1 B8D20L2F0 SYN/1/ B8L-40F.2	B40WZT2 B8D15L4F0 SYN/1/ B8L-40F.2	B40WZT1 B8D20L2F0 -/1/ B8L-40F.2	B40WZT2 B8D15L2F0 SYN/1/[L0] B8L-40F.2	B40WZT1 B8D20L2F0 -/1/ B8L-40F.2	B40WZT2 B8D15L4F0 SYN/1/ B8L-40F.2
Resultierende Bearbeitung	WZT1 WZT2		WZT1 WZT2		WZT1 WZT2	

B, D, L, F, SYN/.../, -/.../: Sprachworte H200 /18/

Bild 5.8: NC-Programmiersystemspezifische Realisierung der Abhandlung ein- und beidseitiger Synchronisationen

5.3.1 Ablauforientierte Synchronisationsabhandlung

Die Vorgehensweise für die Abwicklung der Synchronisationen wird in den Bildern 5.9 und Bild 5.10 aufgezeigt. Für jede Bearbeitungseinheit BE wird sowohl ein Stoppmerker als auch eine Liste mit Startmerkern geführt. Beim Auftreten einer Synchronisationsangabe wird je nach Synchronisationsverfahren bei der Bearbeitungseinheit, bei der die Synchronisationsangabe definiert ist, der Stoppmerker gesetzt und mit der Kennung der freigebenden Bearbeitungseinheit versehen. Soll durch die Synchronisation die Freigabe einer anderen Bearbeitungseinheit in die Wege geleitet werden, so wird in deren Startmerkerliste die Kennung der aktuellen BE eingetragen.

Nach dem Eintrag der Kennungen werden die .Bearbeitungseinheiten. auf die Freigabebedingung abgeprüft. Diese ist erfüllt, wenn für eine .Bearbeitungseinheit. die Stoppmerkerkennung mit einer der Startmerkerkennungen identisch ist. Die Kennungen werden zurückgesetzt und die entsprechende .Bearbeitungseinheit. zur weiteren Programmabarbeitung freigegeben.

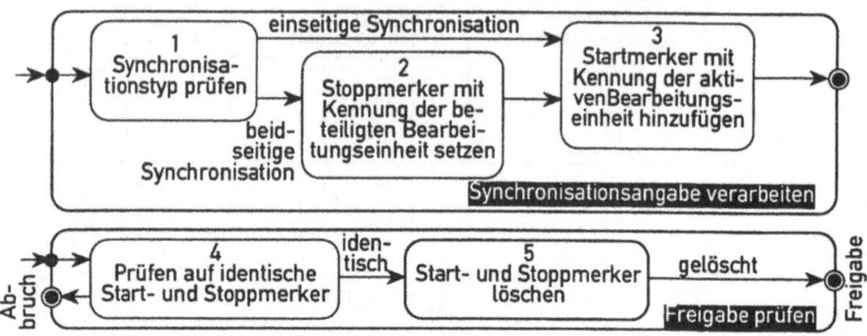

Bild 5.9: Verarbeitung von Synchronisationsangaben

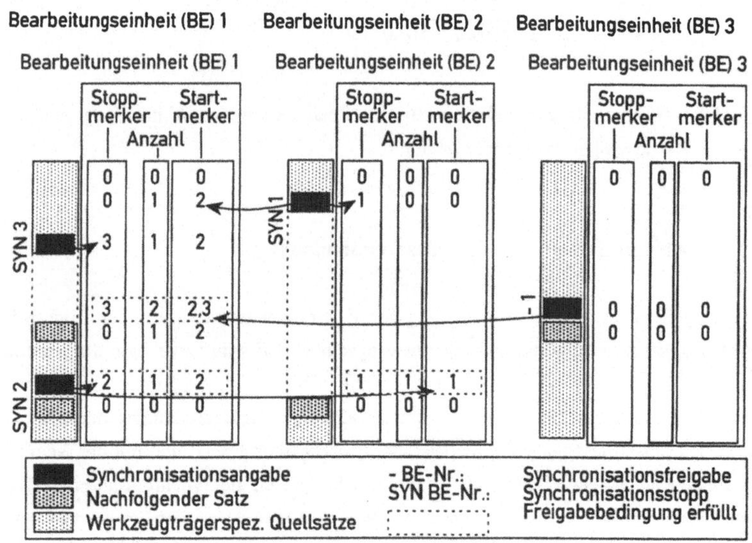

Bild 5.10: Ablauf und Vorgehensweise zur Synchronisation mehrerer Werkzeugträger

Es gelten die unterschiedlichen Regeln für beidseitige und für einseitige Synchronisationen. Es kann im Ablauf der Bearbeitung vorkommen, daß mehrere Startmerker bei einer Bearbeitungseinheit auflaufen (BE1). Durch die Speicherung mehrerer Startmerker für eine Bearbeitungseinheit ist es möglich, diese Fälle korrekt abzuhandeln.

5.3.2 Bezeichnungsorientierte Synchronisationsabhandlung

Da zusammengehörende Synchronisationsangaben durch den Namen bekannt sind, können sie bereits bei der Erzeugung (z.B. Eingabe im Editor) unter einem .Synchronisationslabel. zusammengefaßt werden. Diese stehen in Beziehung zu Arbeitsschritten. Der Bezug wird über ein Objekt .Synchronisationselement. hergestellt, das den Verbindungsauf- und -abbau regelt. In ihm ist auch der Typ der jeweiligen Synchronisationsangabe enthalten. Zur Verwaltung der .Synchronisationslabel. ist eine .Synchronisationsverwaltung. erforderlich (Bild 5.11). Im Gegensatz zur ablauforientierten Synchronisationsabhandlung kann die Gültigkeit zusammengehöriger Synchronisationen bereits bei der Programmerstellung geprüft werden (Bild 5.12). Die Änderung von Synchronisationsnamen kann als Kombination aus Löschen und Einfügen behandelt werden. Es ist Vorsorge zu treffen, daß bei der Synchronisationsaktualisierung keine leeren .Synchronisationslabel. entstehen.

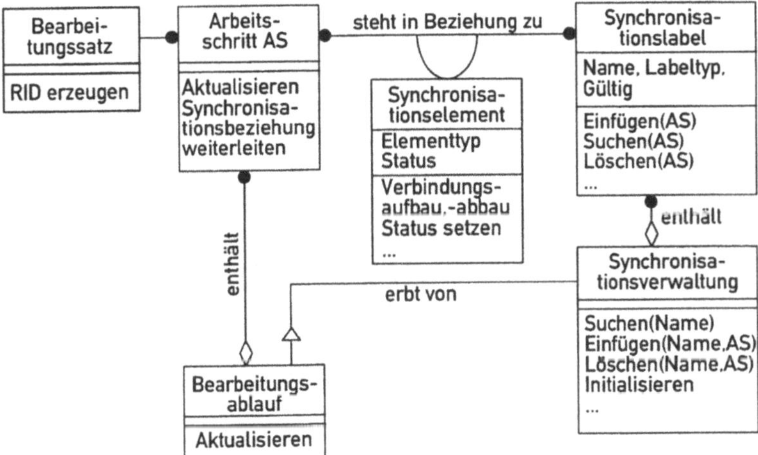

Bild 5.11: Struktur der bezeichnungsorientierten Synchronisationsabhandlung

Zur Synchronisationsabhandlung bei der Teileprogrammverarbeitung werden alle .Synchronisationselemente. initialisiert, indem die Verarbeitungskennung auf 'nicht aktiv' gesetzt wird (Bild 5.13). Wird während des Verarbeitungsablaufs ein .Arbeitsschritt. mit

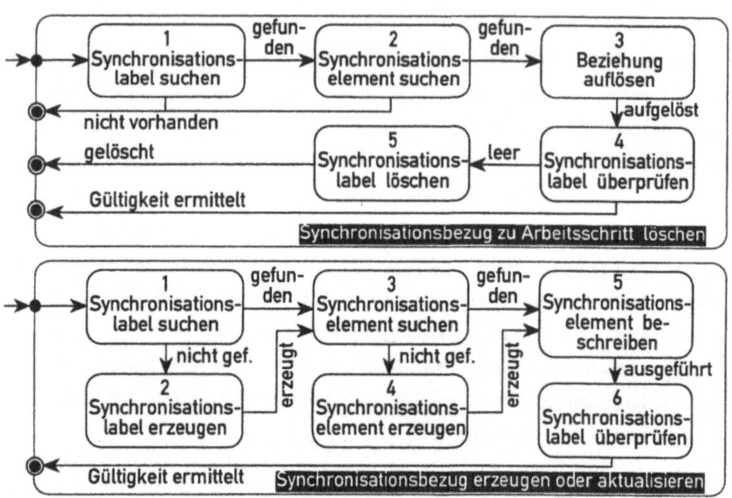

Bild 5.12: Einfügen und Löschen von Synchronisationen

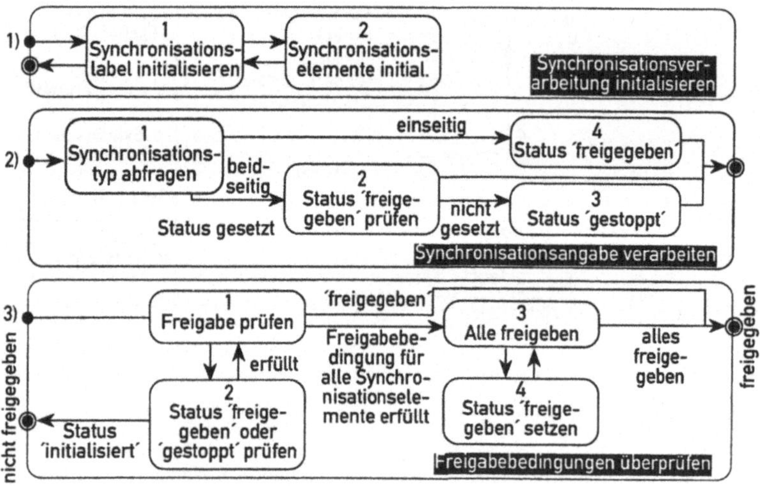

Bild 5.13: Ablauf der Synchronisationsabhandlung

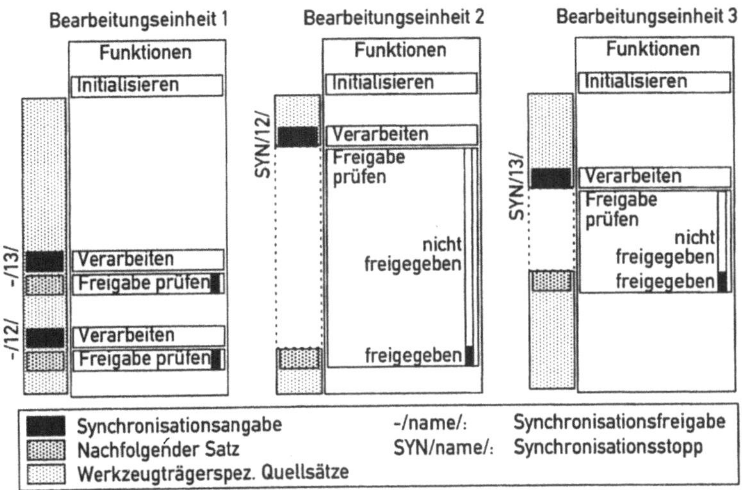

Bild 5.14: Beispiel für die bezeichnungsorientierte Synchronisationsabhandlung

Synchronisationsangabe aufgerufen, so wird je nach Synchronisationsverfahren über das entsprechende .Synchronisationselement. der Status auf 'gestoppt' oder 'freigegeben' gesetzt. Im Gegensatz zur ablauforientierten Vorgehensweise ist keine Startmerkerliste erforderlich, da alle Synchronisationsangaben direkt dem richtigen .Synchronisationslabel. zugeordnet werden. Nachdem die Merker gesetzt sind, erfolgt die Überprüfung der Freigabebedingungen. Zur Abarbeitung des folgenden .Arbeitsschritts. wird der Status geprüft und erst nach der Synchronisationsauflösung oder bei einseitiger Synchronisation bei Status 'freigegeben' weiter fortgefahren. Bild 5.14 zeigt beispielhaft den Ablauf der bezeichnungsorientierten Synchronisationsabhandlung, und in Bild 5.15 wird ein Beispiel für die Erkennung unerwünschter Synchronisationen aufgeführt.

5.4 Zusammenfassende Bewertung

Mit den entwickelten Strukturen und Abläufen zur Bearbeitungssimulation ist es im Gegensatz zu bisherigen Vorgehensweisen möglich, nicht nur maschinen- und steuerungsspezifische Eigenschaften in Form von Daten aus Dateien zu erfassen, sondern die Maschinen und Steuerungen als Objekte direkt nachzubilden. Die Objekte werden erst zur

Laufzeit des Programms entsprechend der Konfiguration der jeweiligen NC-Werkzeugmaschine instanziiert. Bei der Anwahl einer anderen Maschine werden dementsprechend nicht nur andere spezifische Daten bereitgestellt, sondern es wird ein neues Abbild in Form von Objekten aufgebaut.

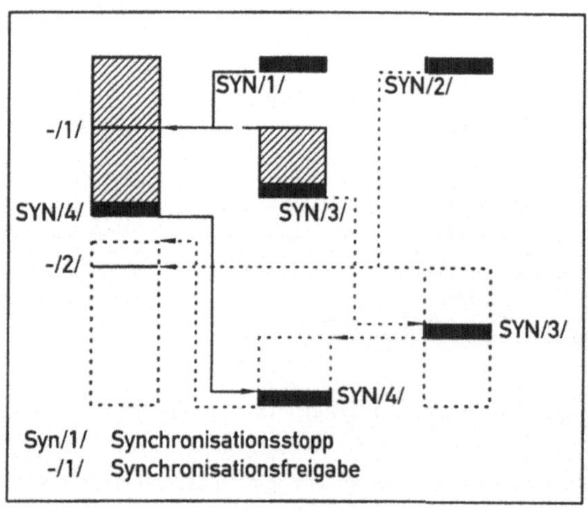

Bild 5.15: Erkennung unerwünschter Synchronisationen

Die Datenschnittstelle zur .Bearbeitungsablaufbeschreibung. wird in einer steuerungsunabhängigen Form über das Objekt .NC-Satz. realisiert, um unnötigen Rechenaufwand für die steuerungsspezifische Erzeugung und Interpretation der NC-Daten nach DIN 66025 zu vermeiden. Bearbeitungszeiten und Schnittgeschwindigkeiten werden jeweils über .Bearbeitungseinheiten. berechnet, wobei die gegenseitige Beeinflussung zwischen den .Bearbeitungseinheiten. bei gemeinsamem Bezug auf eine Spindelachse und bei gegenseitiger Synchronisation berücksichtigt wird.

Unter Einsatz der entwickelten Vorgehensweisen zur Synchronisationsabhandlung ist es möglich, die bisher bekannten Fälle von Synchronisationsverfahren in einem NC-Programmiersystem zu verarbeiten. Im Subsystem .Bearbeitungsablaufbeschreibung. wird eine bezeichnungsorientierte und im Subsystem .Bearbeitungssimulation. eine ablauforientierte Synchronisationsabhandlung eingesetzt. Unerwünschte Synchronisationen können bereits bei der Programmeingabe erkannt und angezeigt werden. Damit steht ein wesentliches Hilfsmittel zur Verfügung, frühzeitig fehlerhafte NC-Steuerdaten zu erkennen und zu vermeiden. Erforderlich sind nun Methoden und Abläufe, um Quellprogramme nutzergerecht zu visualisieren.

6 Darstellung und Programmierung paralleler Bearbeitungsvorgänge

Teileprogramme sind normalerweise sequentiell aufgebaut und werden auch in dieser Reihenfolge **bearbeitungsablauf-orientiert** erstellt. Für die Beschreibung des Bearbeitungsablaufs ohne besondere Ausrichtung auf die Eigenheiten der eingesetzten Werkzeugmaschine ist diese Vorgehensweise für 2-achsige Bearbeitungen grundsätzlich gut geeignet und sollte daher auch im weiteren möglich sein. Für die neuen Maschinenentwicklungen sind jedoch bezüglich der Programmerstellung alternative Vorgehensweisen zu entwickeln.

6.1 Aufstellung von Alternativen

Zur Unterstützung des Nutzers bei der Programmierung paralleler Bearbeitungsvorgänge sind verschiedene Lösungsvarianten denkbar. Dies sind:

- Bearbeitungsablauf-orientierte Programmerstellung (herkömmliche Vorgehensweise),
- Werkzeugträger-orientierte Programmerstellung,
- Automatische Aufteilung der Bearbeitungsvorgänge.

Bei der **bearbeitungsablauf-orientierten** Vorgehensweise erfolgt die Programmerstellung überwiegend so, als ob das Werkstück nur mit einem Werkzeugträger bearbeitet wird. Bei der **werkzeugträger-orientierten** Programmerstellung wird für jeden Werkzeugträger die Bearbeitung jeweils direkt in einem zuständigen Editor definiert (Bild 6.1).

Die beiden Verfahren unterscheiden sich hauptsächlich in der Art der Präsentation des Teileprogramms für den Programmierer. So kann bei der werkzeugträger-orientierten Programmierung durch eine synchronisierte Darstellung des Bearbeitungsablaufs dem Nutzer ein Hilfsmittel geboten werden, sofort das Zusammenspiel der Bearbeitungsabläufe auf unterschiedlichen Bearbeitungseinheiten zu betrachten, zu bewerten und nötigenfalls zu optimieren. Dies erlaubt schnelle Abschätzungen bezüglich optimaler Synchronisationsstellen und ermöglicht es bereits im Stadium der Programmierung, mögliche Kollisionsbereiche im Arbeitsraum der Maschine einzugrenzen, zu untersuchen und Kollisionen zu beheben.

Bearbeitungsablauf-orientiert
1.Abschnitt Werkzeugträger 1 ... Synchronisation mit Werkzeugträger 3 1.Abschnitt Werkzeugträger 3 ... Synchronisation mit Werkzeugträger 1 2.Abschnitt Werkzeugträger 1 ... Synchronisation mit Werkzeugträger 2 1.Abschnitt Werkzeugträger 2 ... Synchronisation mit Werkzeugträger 1 3.Abschnitt Werkzeugträger 1 2.Abschnitt Werkzeugträger 2

Werkzeugträger-orientiert

WZT 1	WZT 2	WZT 3
1.Abschnitt		1.Abschnitt
SYN WZT3		SYN WZT1
2.Abschnitt	1.Abschnitt	
SYN WZT2	SYN WZT1	
3.Abschnitt		
	2.Abschnitt	

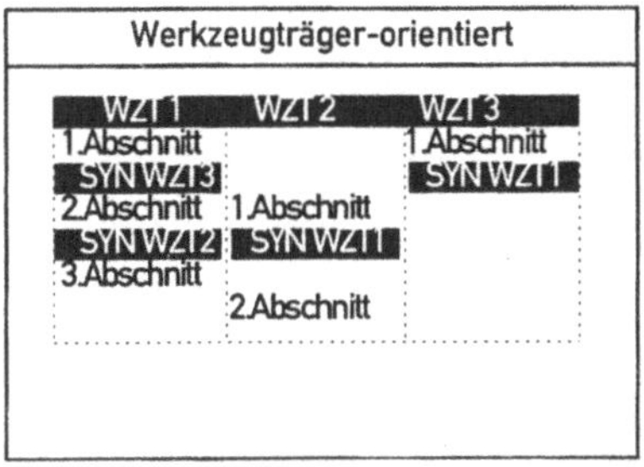

Bewertungskriterien:	Bearbeitungs-ablauf-orientiert	Werkzeugträger(spindel)-orientiert
- Überblick über parallel laufende Bearbeitungsvorgänge	-	+
- Überblick über Synchronisationszuordnung	-	+
- Sichtbarkeit vollständiger Teileprogrammsätze	+	-
- Setzen und Modifizieren von Synchronisationen	-	+
- Optimieren der Fertigungszeiten	-	+
- Realisierungsaufwand	+	-

+ = geeignet - wenig geeignet

Bild 6.1: Bearbeitungsablauf- und werkzeugträger-orientierte Programmerstellung

Bei der **automatisierten Aufteilung** einer bereits definierten Bearbeitung wird zuerst das Teileprogramm bearbeitungsablauf-orientiert erstellt und nachträglich auf die einzelnen Werkzeugträger (und Spindeln) verteilt. Erste Ansätze wurden bereits realisiert /14/. Zur erfolgreichen Durchführung müssen jedoch alle geometrie-, topologie- und werkstoffbeschreibenden Informationen über das zu fertigende Werkstück bekannt sein, da ansonsten die Berechnungen nicht unbedingt zu einem befriedigenden Ergebnis führen. Ein erfolgreicher Einsatz dieser Ansätze wurde in der Praxis noch nicht realisiert, da derzeit in CAD-Systemen bei weitem noch nicht alle Werkstückinformationen vollständig definiert und miteinander verknüpft werden können (z.B. Form- und Lagetoleranzen bezüglich 3-D-Werkstückmodellen). Ein derartiger Ansatz wird daher zum gegenwärtigen Zeitpunkt nicht weiter verfolgt. Die werkzeugträger-orientierte Programmerstellung und -visualisierung weist im Vergleich die entscheidenden Vorteile auf und wird im weiteren vertieft.

Als Randbedingungen für die Realisierung sind zusätzlich die unterschiedlichen Möglichkeiten zur Strukturierung der Teileprogramme zu beachten. Diese können **für jede Bearbeitungseinheit getrennt** erstellt werden, oder der sequentielle Aufbau des Teile-

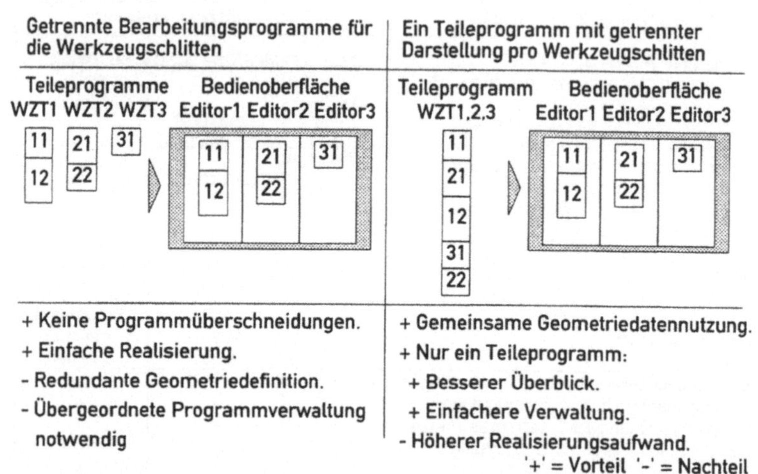

Bild 6.2: Werkzeugträger-orientierte Programmerstellung

programms bleibt erhalten, und es erfolgen nur **Darstellung und Eingabe getrennt für jeden Werkzeugträger**. In Bild 6.2 sind Vor- und Nachteile dieser Ansätze aufgeführt. Die Bewertung zeigt die Vorteile des Ansatzes über ein sequentielles Teileprogramm mit paralleler Darstellung.

Besondere Problemstellungen bei der Umsetzung dieses Ansatzes sind durch die **Verknüpfung des sequentiellen, bearbeitungsablauf-orientierten Teileprogramms mit der parallelen, werkzeugträger-orientierten Darstellung** gegeben. Zur Lösung sind Verfahren erforderlich, die rechnerintern über eine geeignete Strukturierung des Systemaufbaus und der Abläufe eine nutzergerechte Präsentation, Erstellung und Änderung des Teileprogramms gewährleisten.

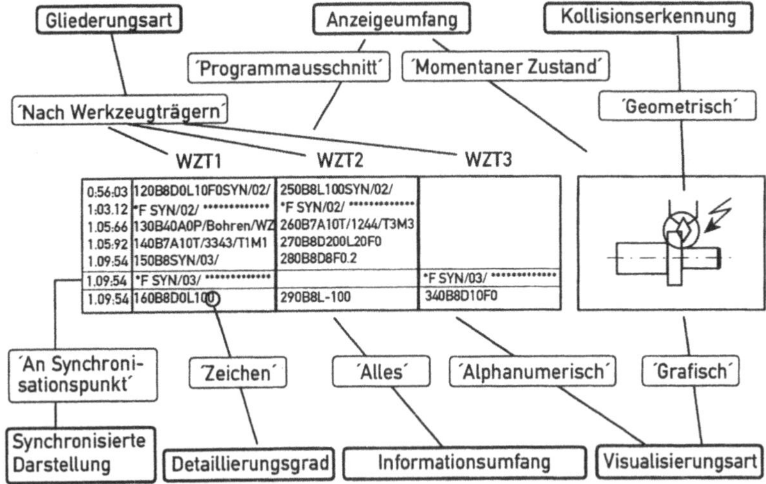

Bild 6.3: Kriterien bezüglich der Darstellung des Bearbeitungsablaufs (1)

6.2 Informationspräsentation bei parallelen Bearbeitungsvorgängen

6.2.1 Kriterien bezüglich der Darstellung des Bearbeitungsablaufs und der notwendigen Berechnungen

Für eine anwendungsgerechte Präsentation der parallelen Bearbeitungsabläufe sind mehrere Möglichkeiten denkbar. Diese können bezüglich der **Darstellung** und der notwendigen **Berechnungsabläufe** unterschieden werden. Die Bilder 6.3 und 6.4 zeigen Unterscheidungskriterien bezüglich der Darstellung des Bearbeitungsablaufs. Ein wichtiges Kriterium ist die Gliederungsart, durch die Teile des Bearbeitungsprogramms zusammengefaßt werden. Zur Unterscheidung bieten sich die Zuordnung zu Bearbeitungseinheiten (Werkzeugschlitten) und Spindeln an. Der **Detaillierungsgrad** gibt die kleinste dargestellte Informationseinheit an, wohingegen über den Informationsumfang festgelegt wird, ob nur die für die augenblicklich durchzuführende Funktion notwendigen Informationen sichtbar sein sollen (Beispielsweise alle eingesetzten Werkzeuge).

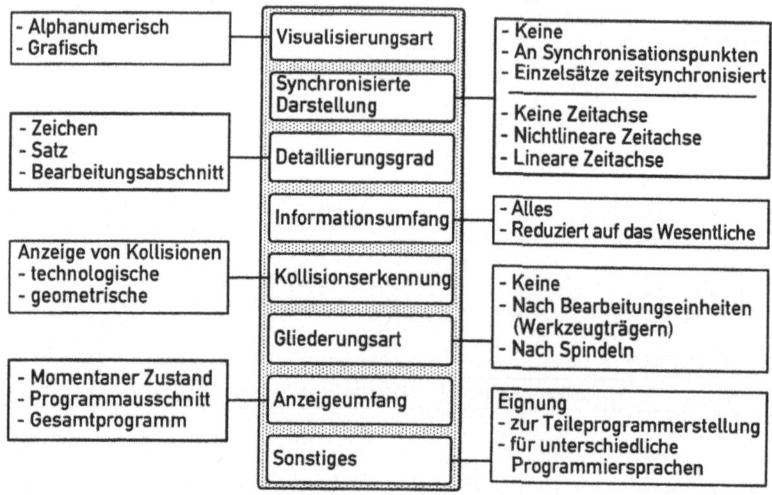

Bild 6.4: Kriterien bezüglich der Darstellung des Bearbeitungsablaufs (2)

Des weiteren müssen, um parallele Bearbeitungsabläufe übersichtlicher visualisieren zu können, **Synchronisationen zwischen den Werkzeugschlitten** in die Darstellung mit einbezogen werden. Dadurch können parallel laufende Bearbeitungsvorgänge leicht erkannt und überprüft werden. Für eine **synchrone Darstellung von parallel laufenden Einzelsätzen** verschiedener Werkzeugträger ist die Berechnung der Zeiten der einzelnen Teileprogrammsätze über .Bearbeitungssimulation. und .Bearbeitungsablaufbeschreibung. erforderlich, die bereits in Kapitel 5.2 vorgestellt wurde. Mit diesen Möglichkeiten kann die Zeitabhängigkeit der Darstellung variabel den Erfordernissen angepaßt werden. Es muß jedoch gewährleistet sein, daß die zu realisierende Darstellungsart mit den Vorgehensweisen zur Teileprogrammerstellung harmoniert.

Für die Erzeugung bestimmter Darstellungsvarianten sind entsprechend angepaßte **Berechnungsabläufe** notwendig, die ebenfalls bestimmte Kriterien erfüllen müssen (Bild 6.5). Das Teileprogramm ist je nach Darstellungsvariante aufzuschlüsseln und in verschiedenen Bildschirmfenstern auszugeben.

Kriterien für Berechnungsabläufe zur	
Nachbildung des Bearbeitungsablaufs:	**Darstellungserzeugung und Eingabe:**
Synchronisationsberücksichtigung: - ohne Zeitberechnung - mit Zeitberechnung Zeitberechnung: - Ermittlung technologischer Kollisionen - Ermittlung geometrischer Kollisionen - Berücksichtigung maschinen- und steuerungsspezifischer Werte	Aufschlüsselung des Teileprogramms je nach Darstellungsverfahren Fensterverwaltung - Gleichzeitige Bewegung in allen Fenstern - Änderungen an allen sichtbaren Stellen

Bild 6.5: Kriterien für Berechnungsabläufe

Die Synchronisationsabhandlung zwischen den Bearbeitungseinheiten ist auch ohne Zeitberechnung rein bearbeitungsablauf-orientiert möglich. Jedoch können bei einseitigen Synchronisationsverfahren fehlerhafte Ergebnisse ermittelt werden (siehe Kap. 5.3). Um dies auszuschließen müssen die berechneten Bearbeitungszeiten berücksichtigt werden.

Sehr unterschiedlich ist die Eignung für unterschiedliche NC-Programmiersprachen zu bewerten. Blockorientierte Sprachen, wie beispielsweise EXAPT /34/, enthalten einen hohen Anteil an Teileprogrammsätzen, die nicht bearbeitungsspezifisch ausgelegt sind, wie beispielsweise die Geometriedefinition für Rohteil und Werkstück. Bei Sprachen mit syntaktischer Verknüpfung von geometrischen und technologischen Angaben /18/ wird die Zuordnung zu Bearbeitungseinheiten weitgehend durch das gesamte Programm durchgehalten. Prinzipiell muß bei beiden Sprachen eine Aufteilung in einen bearbeitungsunabhängigen und in einen bearbeitungsabhängigen Teil vorgenommen werden.

6.2.2 Visualisierungsverfahren für parallel laufende Bearbeitungsvorgänge

Bild 6.6 zeigt Varianten für Darstellungsverfahren. Die Verfahren a, b, c und g bauen auf der Darstellung von Einzelsätzen als Informationseinheiten auf, wohingegen die Verfahren d, e, f, h und i Bearbeitungsabschnitte als kleinste darstellbare Informationseinheit einsetzen. Zusätzlich können die Bearbeitungsvorgänge auch grafisch simuliert werden (k). Diese Darstellung zeigt jedoch die Bearbeitung immer nur zu einem bestimmten

Zeitpunkt in dem jeweils aktuellen Zustand. Für die Realisierung sind mehrere Lösungsansätze bekannt (2D, 3D) /41,42,43,46/, die jedoch in dieser Arbeit nicht behandelt werden. Weitere Darstellungsformen bestehen in der Visualisierung technologischer Werte, wie Schnittgeschwindigkeiten und Drehzahlen.

Diese Verfahren gilt es unter verschiedenen Gesichtspunkten zu bewerten (Bild 6.7). Es zeigt sich, daß zur Erkennung paralleler Abläufe und bezüglich der Übersichtlichkeit Verfahren zu bevorzugen sind, die den Bearbeitungsablauf weitgehend synchron darstellen. Für die gleichzeitige Darstellung von mehr als ca. 5 Werkzeugschlitten ist jedoch einzig das Balkendiagramm (i) geeignet.

Aus der Bewertung ist ebenfalls zu erkennen, daß nur bei Darstellungsvarianten auf Basis von Quellprogrammsätzen eine Teileprogrammerstellung möglich ist. Die beiden letzten Punkte bedeuten, daß für Mehrspindler bei der Programmerstellung eine Untergliederung des Programms zuerst bezüglich Spindeln und für diese in Bearbeitungseinheiten, die sich auf dieselbe Spindelachse beziehen, vorzunehmen ist. Dabei wird jeweils nur eine Spindellage mit den Programmierfenstern für die zugehörigen Bearbeitungseinheiten dargestellt.

Fast alle Darstellungsvarianten bieten sowohl Unterstützung zur Optimierung des Quellprogramms für parallele Bearbeitungsvorgänge als auch zur Visualisierung von Kollisionszuständen. Jedoch sind diese Anforderungen besonders gut durch kombinierten Einsatz bestimmter Darstellungsverfahren zu erfüllen. Ein Beispiel hierfür stellt der kombinierte Einsatz der Verfahren c, i, k und n dar, da jedes bezüglich eines bestimmten Anforderungsbereichs sehr günstig Informationen bereitstellen und der Nutzer somit schnell optimierend in den Bearbeitungsablauf eingreifen kann. Für die Erstellung, Modifikation und Feinoptimierung von Quellprogrammen werden im weiteren die Verfahren b und c verfolgt, da diese als einzige den Zugriff auf Quellprogrammsätze erlauben und gleichzeitig visuelle Unterstützung für den Nutzer bieten. Verfahren g scheidet aus, da bei der Darstellung von Sätzen, die keine Bearbeitungszeit beanspruchen, Schwierigkeiten auftreten. Für einen schnelleren Überblick über den groben Ablauf des Bearbeitungsprogramms und eine schnelle Grobsynchronisation von Bearbeitungsabschnitten ist die Darstellung entsprechend den Verfahren e und f, sowie bei linearer Zeitachse Verfahren i geeignet. Zur Visualisierung der Abläufe im Arbeitsraum der Werkzeugmaschine ist eine 3-dimensionale Simulation am aussagekräftigsten. Bei diesen Systemen steht die enge Anbindung an das Programmiersystem im Vordergrund.

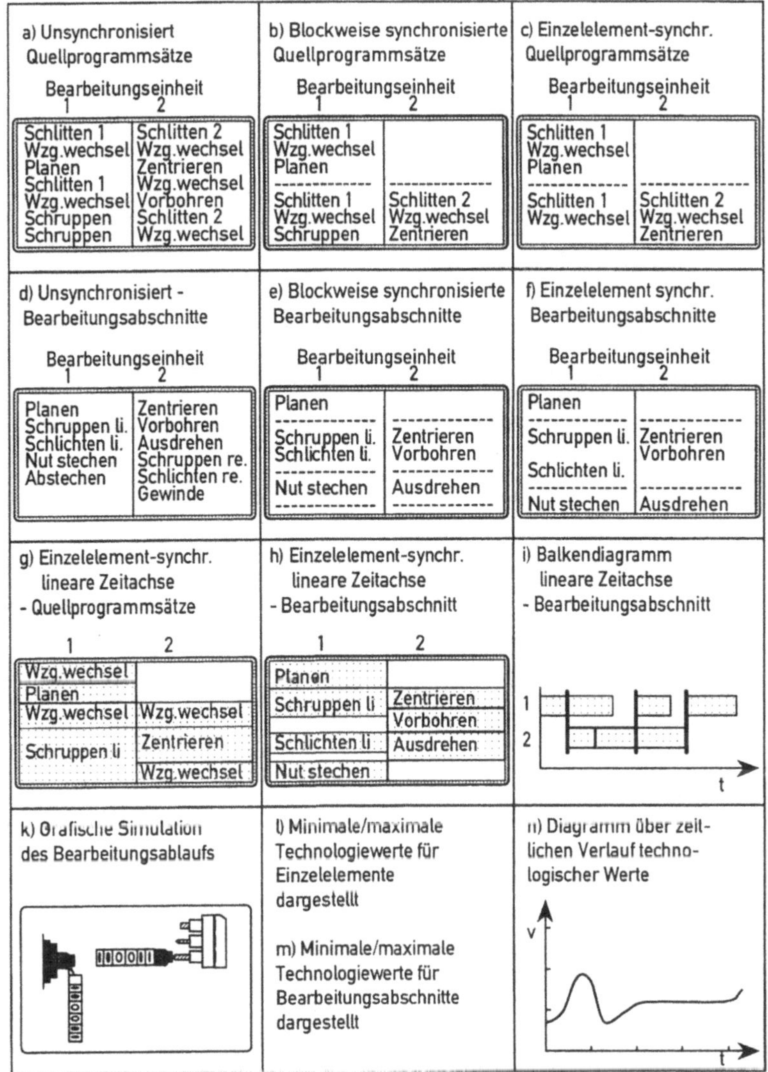

Bild 6.6: Visualisierungsverfahren für parallel ablaufende Bearbeitungsvorgänge

Darstellungsverfahren	a	b	c	d	e	f	g	h*	i	k	l	m	n
Erkennen paralleler Abläufe	o	+	++	o	+	+	++	++	++	+	n	n	n
Übersichtlichkeit	o	++	+	o	++	++	+	++	++	o	o	o	++
Zur Anzeige von ... Werkzeugschlitten geeignet	<6	<6	<6	<6	<6	<6	<6	<6	>>	<3	n	n	n
Teileprogrammerstellung/ -änderung	++	++	+	n	n	n	-	n	n	o	n	n	n
Entwicklungsaufwand ****	o	-	—	o	-	—	—	—	-	—	-	-	—
Optimierung paralleler Bearbeitungsvorgänge	o	+	++	o	++**	++**	+++	++**	++***	+***	o	o	+***
Visualisierung von Kollisionszuständen	o	+***	++***	o	+***	+***	++***	+***	+***	++	+	+	++

+...+++: gut ... sehr gut　　o: befriedigend
-...---: unbefriedigend ... mangelhaft　　n: nicht möglich.
*) Darstellung für Elemente schwierig, die keine Zeit beanspruchen.
**) Zur Grobverteilung und -synchronisation geeignet.
***) Als Hilfsmittel einsetzbar.
****) o geringer; --- sehr hoher Entwicklungsaufwand

Bild 6.7: Bewertung der Visualisierungsverfahren

6.3 Erzeugen einer werkzeugträgerorientierten Darstellung des Bearbeitungsablaufs

Aufgrund der vorangegangenen Betrachtungen wird die werkzeugträgerorientierte Darstellung des Bearbeitungsablaufs nach den Verfahren b, c, e und f Bild 6.6 entwickelt. Der Aufbau der Arbeitsschritte wurde in Bild 4.4 bereits vorgestellt. Über die .Bearbeitungsablaufbeschreibung. und die .Bearbeitungssimulation. wird das Quellprogramm entsprechend den Erläuterungen in den Kapiteln 4 und 5 verarbeitet und die ermittelten Daten, wie beispielsweise Zeiten, Synchronisationen, technologische Daten und eventuell erkannte Fehler zu dem erzeugenden .Quell-Arbeitsschritt. übertragen (Bild 6.8). Über diese Daten und in Verbindung mit den .Quellsätzen. kann ein Editor dann die Darstellung erzeugen.

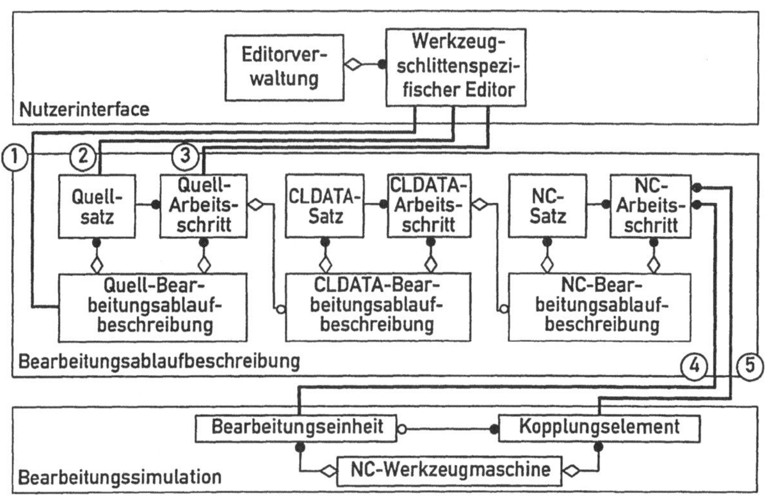

Subsystemübergreifende Beziehung	Informationsinhalt und Übertragungsrichtung
① Editor - Quellbearbeitungsablauf	> Aufträge: Quellsatz erzeugen, löschen, etc.
② Editor - Quellsatz	> Änderungsdaten für Quellsatz < Quellsatzinhalt in AN, Interpretationsfehler
③ Editor - Quell-Arbeitsschritt	< Quellsatzzeiten, Synchronisationskennungen, technologische Angaben, Verarbeitungsfehler
④ NC-Arbeitsschritt - Bearbeitungseinheit	> Verfahrvorschriften (entsp. Bild 5.5) < NC-Satzzeiten, technologische Werte (Schnittgeschwindigkeiten, Vorschub)
⑤ NC-Arbeitsschritt - Kopplungselement	< technologische Werte (Drehzahlen)

>) von ... nach ...; <) ... erhält von ...

Bild 6.8: Schnittstellen zwischen .Nutzerinterface., .Bearbeitungsablaufbeschreibung. und .Bearbeitungssimulation.

6.3.1 Zuordnung zwischen Editoren und Bearbeitungseinheiten

Für jede Bearbeitungseinheit ist jeweils ein Editor zuständig. Ausgehend von der Konfiguration der .NC-Werkzeugmaschine. werden über eine steuerungszugeordnete .Editorverwaltung. den .Bearbeitungseinheiten. zugeordnete .Editoren. instanziiert (Bild 6.9).

6.3.2 Selektion bearbeitungseinheiten-spezifischer Arbeitsschritte

Über das in den .Bearbeitungseinheiten. enthaltene .Filter. können die .Editoren. auf die ihnen zugeordneten .Quell-Arbeitsschritte. und .Quellsätze. zugreifen. Der Ablauf ist ähnlich der Vorgehensweise zur Bearbeitungssimulation (Bild 6.10).

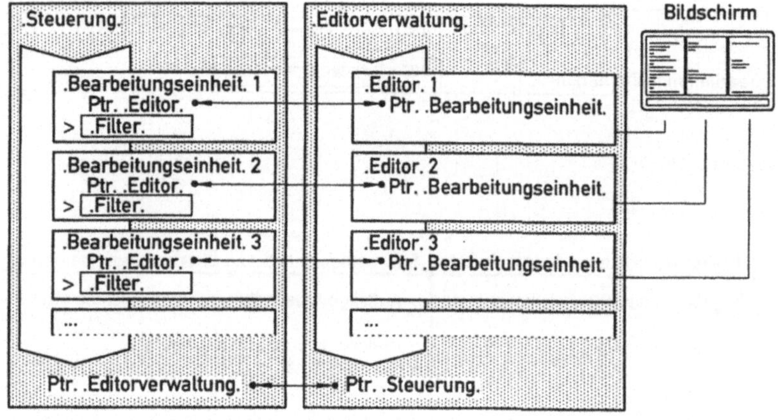

Bild 6.9: Zusammenhang zwischen Darstellungs- und Steuerungsaufbau

Jedoch sind die Ziele, die Zustandsformen der .Bearbeitungsablaufbeschreibung. und das Verfahren zur Synchronisationsabhandlung unterschiedlich. Um nach Änderungen den aktuellen Zustand neu auszugeben, müssen die darzustellenden Sätze über das .Quellprogramm. bis ans Ende des Bildschirmausgabebereichs neu ermittelt werden, da der Ermittlungsablauf über mehrere Stufen und unterschiedliche, eventuell geänderte Listen erfolgt. Beteiligte Listen sind:

- Liste der .Zeilen. pro .Quellsatz. (Folgezeilen).
- Liste der .Quellsätze. (.Quellprogramm.)
- Liste der .Quell-Arbeitsschritte. (.Quell-Bearbeitungsablaufprogramm.).

Für den Zugriff auf die Listen zur Darstellungserzeugung gilt der Ablauf entsprechend Bild 6.11. Die Ermittlungszeit kann reduziert werden, indem in jedem Editor eine Liste mit Verweisen auf die dargestellten Elemente (Quell-Arbeitsschritt, Quellsatzzeile, ...) gehalten wird. Wirken sich Änderungen im Quellprogramm auch auf Zeilen vor den dargestellten aus, so ist diese Liste neu zu generieren. Bei Funktionen, wie z.B. Scrollen im Editor, ist hierdurch eine beschleunigte rechnerinterne Abwicklung zu erreichen.

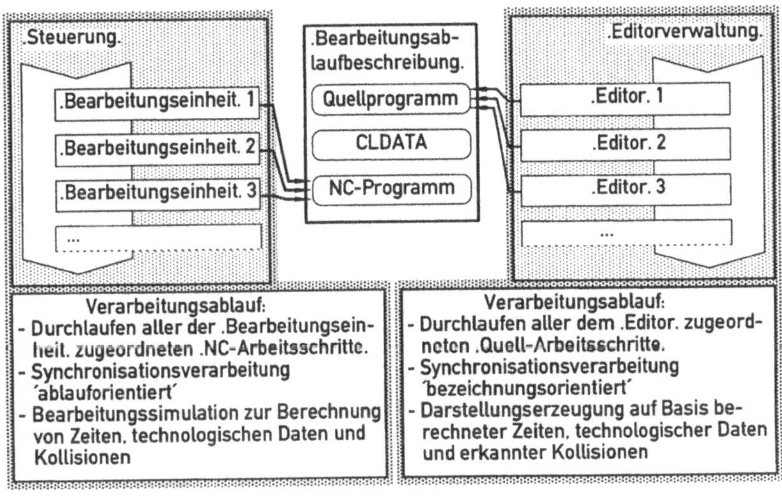

Bild 6.10: Ähnliche Vorgehensweisen zur Bearbeitungssimulation und zur Darstellungserzeugung

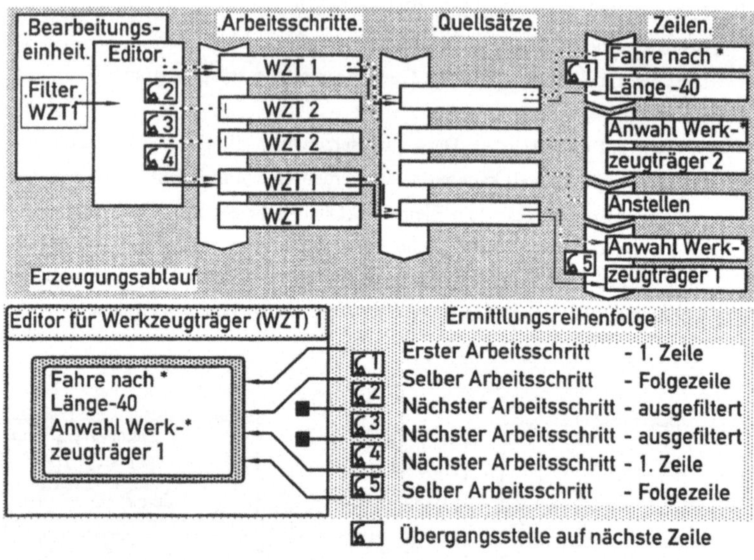

Bild 6.11: Listenzugriff zur Darstellungserzeugung

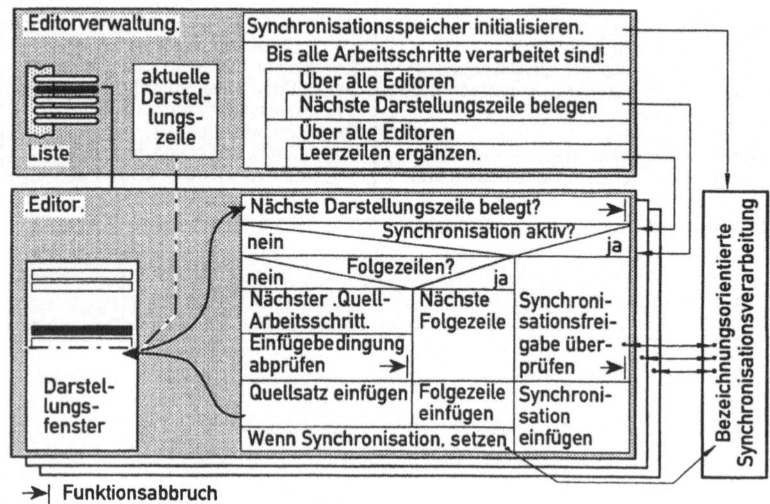

Bild 6.12: Darstellungserzeugung bei abhängigen Editoren.

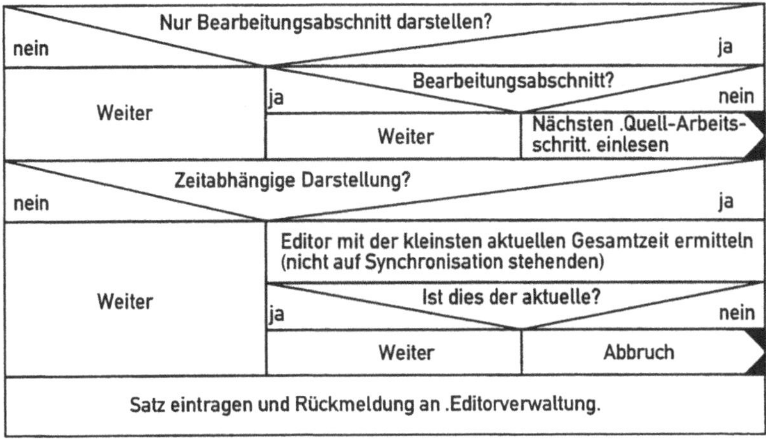

Bild 6.13: Überprüfen der Einfügebedingungen

6.3.3 Synchronisierte Darstellung

Um die gewünschten Darstellungsverfahren aus Bild 6.6 zu ermöglichen ist die gegenseitige Verknüpfung der Editoren nötig. Zuständig ist eine .Editorverwaltung. (Bild 6.12). Sie sorgt für eine gleichmäßige Darstellungserzeugung in den einzelnen Editoren unter gegenseitiger Bezugnahme. Dazu beauftragt sie die Editoren mit dem Füllen der nächsten anstehenden Zeile im Darstellungsfenster. Der jeweilige Editor überprüft selbständig, ob diese Zeile bereits gefüllt wurde, ob eine Synchronisation ansteht und ob die Einfügebedingungen (Bild 6.13) erfüllt sind. Entsprechend den jeweiligen Ergebnissen wird ein Quellsatz, eine Folgezeile oder eine Synchronisationsfreigabe eingefügt oder direkt zur .Editorverwaltung. zurückgesprungen. Wurden für die nächste Eingabezeile alle durchführbaren Neueinträge vorgenommen, so werden alle Editoren beauftragt, nicht belegte Zeilen zu füllen (leere Folgezeilen, wenn der aktuelle Quellsatz bei zeitabhängiger Darstellung noch immer aktiv ist; Wartezeiten symbolisierende Zeilen bei anstehenden Synchronisationen).

Besondere Anforderungen bestehen bezüglich der Überprüfung der Einfügebedingungen nach Bild 6.13. Es ist zu unterscheiden, ob die Darstellung wie in Bild 6.6 Fall b oder c in Quellprogrammsätzen oder entsprechend Fall e oder f in Bearbeitungsabschnitten erfolgt. Der Ablauf zur zeitsynchronisierten Darstellung ist in Bild 6.14 an einem Beispiel dargestellt. Bei zeitabhängigen Darstellungsarten wird der nächste Quellsatz nur dann in die Darstellungsliste eingetragen, wenn der zuständige Editor die kleinste aktuelle Gesamtzeit aufweist und kein Synchronisationshalt ansteht.

6.4 Teileprogrammeingabe bei parallelen Bearbeitungsvorgängen

Bezüglich der Teileprogrammeingabe sind einige Punkte zu beachten. So ist die Darstellungserzeugung sinnvoll mit der Aktualisierung der Teileprogrammverarbeitung zu verknüpfen. Um dies zu erreichen, setzt das .Quellprogramm. bei Änderungen in den .Quellsätzen. in der .Editorverwaltung. ein Änderungsflag. Vor jeder neuen Nutzereingabe wird der Status dieses Flags überprüft und, wenn nötig, die Darstellung aktualisiert (Bild 6.15).

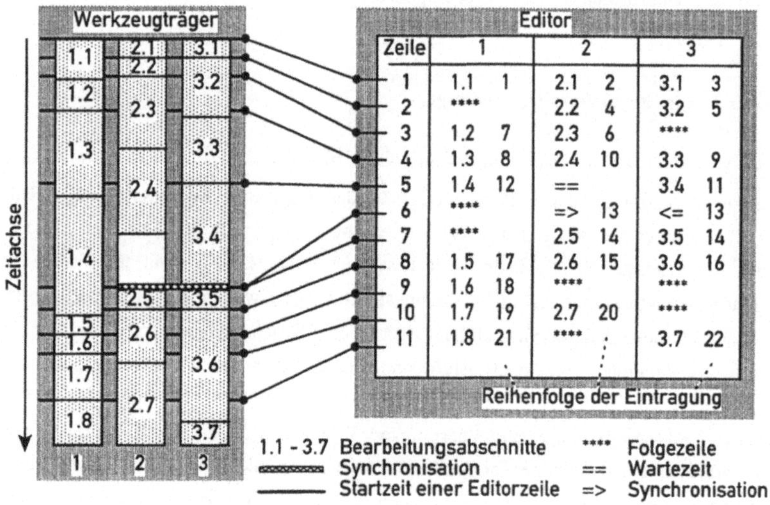

Bild 6.14: Zeitsynchronisierte Darstellungserzeugung

Bei der werkzeugträger-orientierten Darstellung des Bearbeitungsablaufs können Sätze nicht mehr wie bei der ablauf-orientierten Vorgehensweise einfach an einer beliebigen Stelle im Teileprogramm eingefügt werden. Kritische Stellen für das Einfügen liegen vor, wenn vor einem Teileprogrammsatz, der eine Werkzeugträgeranwahl enthält, z.B.

eine Synchronisation eingefügt werden soll. Diese Problemstellung ist in Bild 6.16 aufgeführt. Die Lösung besteht darin, einen neuen .Quellsatz. nicht **vor** sondern immer **nach** einem bestehenden .Quellsatz. einzufügen.

Auf Basis dieser Vorgehensweise ist es möglich, Änderungen im Quellprogramm direkt nachzuführen und die Darstellung in allen Editoren sofort zu aktualisieren. Auswirkungen von Eingaben lassen sich sofort abschätzen. Dies ist insbesondere der Fall, wenn im Berechnungsablauf erkannte Kollisionszustände und Fehler sofort bei dem verursachenden Satz angezeigt werden.

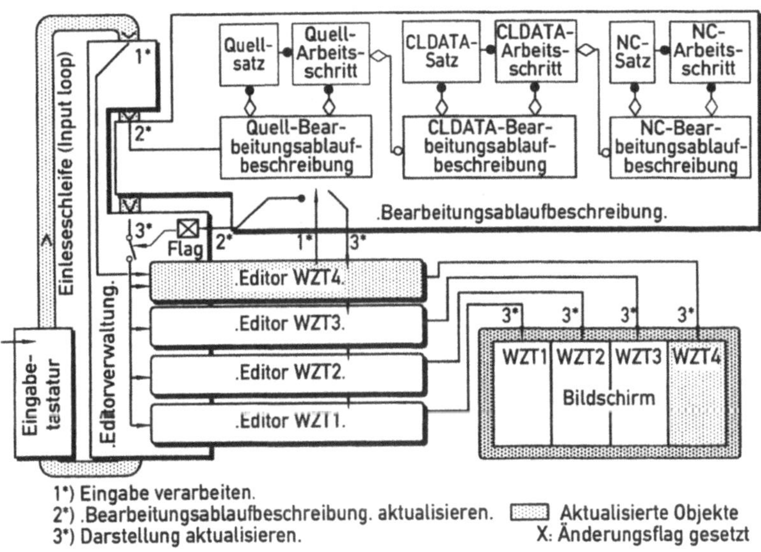

Bild 6.15: Verknüpfung von Teileprogramm- und Darstellungsaktualisierung

6.5 Vorgehensweisen zur Optimierung der Quellprogramme

Die vorgestellte Vorgehensweise unterstützt die Optimierung des Bearbeitungsablaufs bereits bei der Programmerstellung durch die Visualisierung des Ablaufs paralleler Bearbeitungsvorgänge. Es sind jedoch zusätzlich noch geeignete Abläufe erforderlich. Dabei kann zwischen einer vorgeschalteten Groboptimierung in Form der Verteilung und Syn-

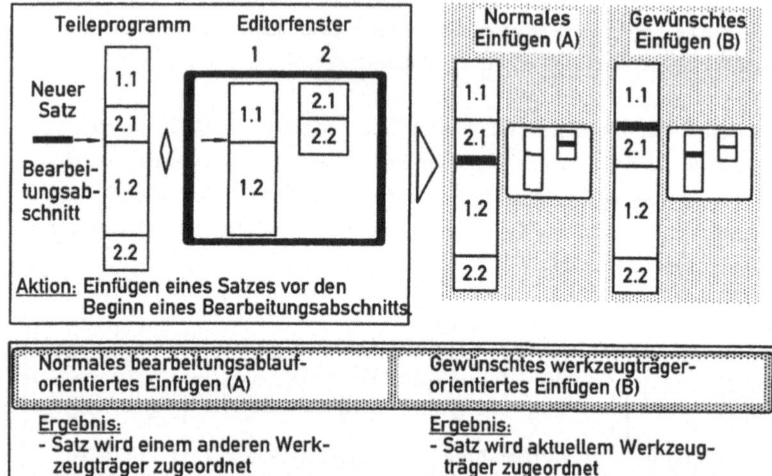

Bild 6.16: Problemstellung beim Einfügen vor den Beginn eines Bearbeitungsabschnitts.

chronisation von Bearbeitungsabschnitten und einer Feinoptimierung auf Basis einzelner Quellsätze unterschieden werden.

Zur Groboptimierung werden bisher Verfahren angeboten, bei denen die Bearbeitungsabschnitte in Listenform dem Nutzer angeboten werden und dieser ordnet sie dann den gewünschten Werkzeugträgern zu und faßt sie zu Synchronisationseinheiten zusammen /6/. Dies kann auch in Verbindung mit einer funktional einfach gehaltenen Zeitberechnung erfolgen. Der parallele Ablauf der Bearbeitung ist bei dieser Vorgehensweise jedoch nur schwer zu erkennen.

Im Gegensatz hierzu sind unter Nutzung der entwickelten Strukturen und Vorgehensweisen nur noch einige funktionale Erweiterungen der normalen Editorfunktionen notwendig, um für die Teileprogramme eine nutzergerechte Grob- und Feinsynchronisation zu ermöglichen. Zu unterstützende Funktionen und Abläufe sind:

Neue Synchronisationen einfügen:

- Cursor auf erste Synchronisationsstelle setzen.
- 'Synchronisation setzen' anwählen.

- Cursor auf zweite Synchronisationsstelle setzen.
- Bestätigen.
- Weitere Angaben in einer Eingabemaske ausfüllen.
  (Einseitige/beidseitige Synchronisation, Benennung)

Synchronisation löschen:
- Cursor auf Synchronisationsstelle positionieren.
- 'Synchronisation löschen' anwählen.

Synchronisation verschieben:
- Cursor auf Synchronisationsstelle positionieren.
- 'Synchronisation verschieben' anwählen.
- Synchronisation auf gewünschte Position setzen.
- Bestätigen.

Mit Hilfe dieser Funktionen ist die Optimierung des Bearbeitungsablaufs ohne zusätzliche nachgeschaltete Sondermodule möglich. Der Ablauf erscheint damit für den Nutzer einheitlicher und verständlicher, und er braucht keine neuen Bedienungsvorschriften zu erlernen.

Für die Synchronisation der 2x2-Achsenbearbeitung kann die Vorgehensweise noch aufgabengerechter realisiert werden. Als Grundlage dient das Darstellungsverfahren e aus Bild 6.6. In Bild 6.17 ist die Vorgehensweise zur Groboptimierung dargestellt. Der Nutzer kann auf Basis der parallelen Darstellung zu synchronisierende Bearbeitungsabschnitte auswählen. Diese werden in der Darstellung auf gleiche Höhe ausgerichtet und über eine zugeordnete Funktionstaste synchronisiert. Die Auflösung einer Synchronisation erfolgt in gleicher Art und Weise. Zur Realisierung dieses Ablauf sind nur geringfügige Erweiterungen im Funktionsumfang notwendig.

Ein Sonderfall besteht, wenn auf einem Werkzeugträger Bearbeitungsabschnitte allein laufen sollen, das heißt, daß der andere Werkzeugträger zu dieser Zeit gesperrt ist. Dies erfordert eine doppelte Synchronisation auf dem gesperrten Werkzeugträger (Bild 6.18).

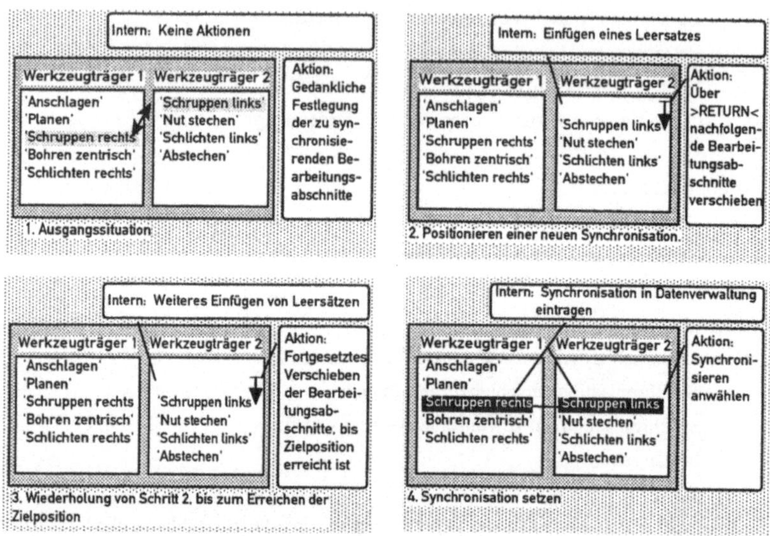

Bild 6.17: Vorgehensweise zur Grobsynchronisation bei der 2x2-Achsen-Optimierung

Bild 6.18:
Doppelte Synchronisation für einen Bearbeitungsabschnitt

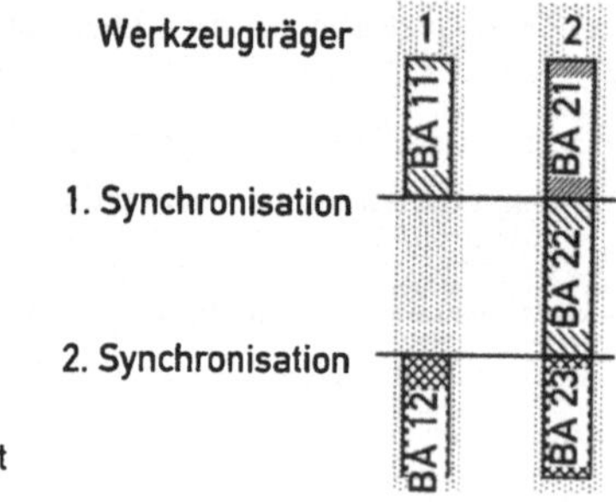

BA: Bearbeitungsabschnitt

Um dies zu ermöglichen, muß eine Hilfssynchronisation in die Darstellung eingefügt werden (Bild 6.19). Für den Optimierungsablauf bedeutet dies, daß bei der Verschiebung

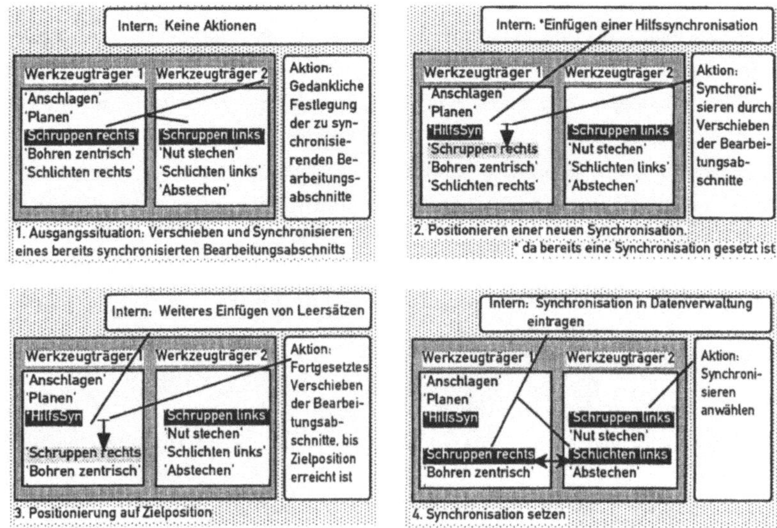

Bild 6.19: Einfügen doppelter Synchronisationen

eines Bearbeitungsabschnitts mit bereits definierter Synchronisation als Ersatz an der ursprünglichen Synchronisationsstelle die Hilfssynchronisation dargestellt wird. Der weitere Ablauf entspricht dem oben vorgestellten.

Diese Vorgehensweise ist für mehr als 2x2-Achsen nur unzureichend geeignet, da zusätzlich der Werkzeugträger mit zu identifizieren ist, bezüglich dem synchronisiert werden soll. Außerdem muß auch das zu verwendende Synchronisationsverfahren mit angegeben werden, insofern die Werkzeugmaschine andere als beidseitige Synchronisationen unterstützt.

7 Systemintegration

Unter Zugrundelegung der vorgestellten Strukturen, Abläufe und den Darstellungsverfahren soll nun beispielhaft die Integration der zu entwickelnden Programmstrukturen und der vorhandenen Programmiersystemfunktionen aufgezeigt werden. Dazu wird ein NC-Programmiersystem vorausgesetzt, dessen Funktionen in das neue Gesamtkonzept eingebunden werden können. Die Eingabesprache muß die neuen Maschinenentwicklungen unterstützen. Das in Bild 2.6 aufgeführte NC-Programmiersystem /18/ erfüllt diese Forderungen.

Die Gesamtstruktur des Systems stellt sich entsprechend Bild 7.1 dar. Der darin aufgezeigte Ablauf wird am Beispiel eines Werkstücks (Bild 7.2) und der Synchronisation von zwei Werkzeugträgern einer NC-Drehmaschine mit 5 Werkzeugschlitten entsprechend Bild 1.1 detailliert dargestellt (Bilder 7.3, 7.4, 7.5). Nutzereingaben werden über die .Eingabetastatur. und die .Editorverwaltung. an die .Bearbeitungsablaufbeschreibung.

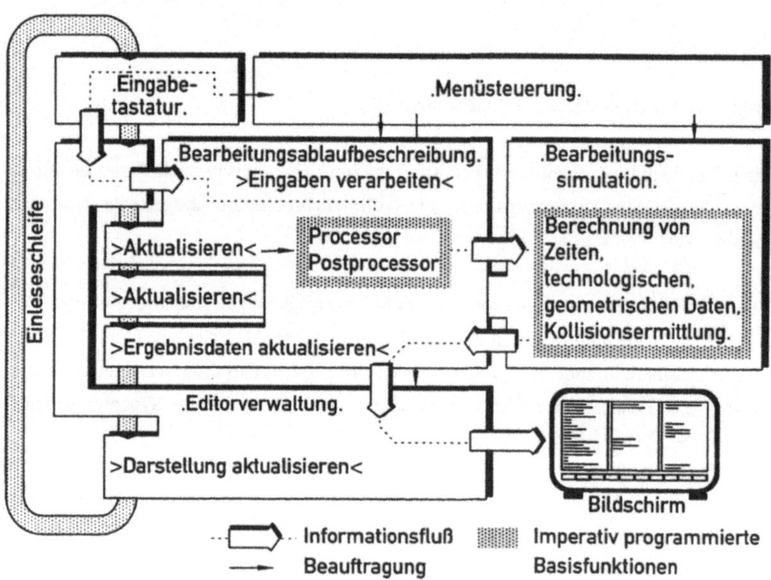

Bild 7.1: Gesamtstruktur mit integrierten Funktionen eines imperativ programmierten NC-Programmiersystems.

durchgereicht. Dort werden die direkt betroffenen Quellsätze geändert. Im Ablauf der Einleseschleife werden die Zustandsformen der .Bearbeitungsablaufbeschreibung. über die integrierten Basisfunktionen des NC-Programmiersystems 'Processor' und 'Postprocessor' durchgängig aktualisiert. Entsprechend der gewünschten Darstellungsart erfolgt anschließend die .Bearbeitungssimulation., bei der überwiegend bereits vorgegebene Berechnungsmethoden zum Einsatz gelangen. Diese wurden für die Synchronisationsabhandlung von mehr als 2 Werkzeugträger erweitert. Die ermittelten Daten werden nachfolgend in der .Bearbeitungsablaufbeschreibung. bis hoch zur Zustandsform 'Quellprogramm' aktualisiert, um für die Darstellungserzeugung über die .Editorverwaltung. bereitzustehen.

Mit dieser Struktur ist die werkzeugträger-orientierte Erstellung und Optimierung von Programmen für Mehrschlittendrehmaschinen möglich. Bild 7.6 zeigt die zugehörige Bildschirmdarstellung des Teileprogramms nach Einfügen der Synchronisation, in der Teileprogrammsätze blockweise synchronisiert und getrennt in Editoren für jeden Werkzeugträger dargestellt werden. In dieser Darstellungsform sind die Systemantwortzeiten am besten, da die Bearbeitungssimulation nicht unbedingt ausgeführt werden muß.

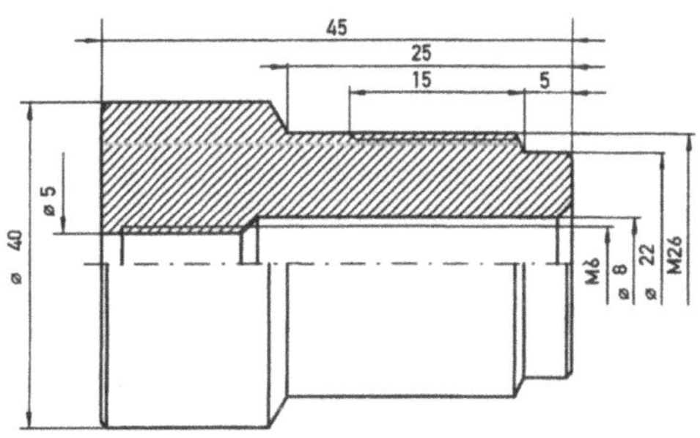

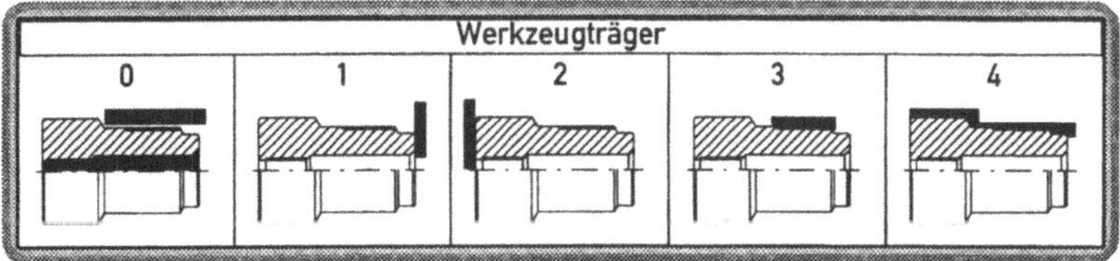

Bild 7.2: Über 5 Werkzeugschlitten bearbeitetes Werkstück

1) Ausgangszustand

WZT0	WZT1	WZT2	WZT3	WZT4
410B8D0L0.5	320B8D22.1	C - FERTIG -	200B8D70F0	330B40P/DREH
415B8L-27.65	325B8D22.2F0		C - FERTIG -	340B7M1S400
420B8L10F0	390B40P/FREI			345B8D26L-6
C - - - - - - - -	395B8D26.2F0			350B8L-0.05
425B40P/HINT	400B8D70F0			355B8D21.9L-1
430B7E/T090/				360B8D12F0.02
435B8L-2F0				365B8L1F0H4

2) Synchronisation setzen
- Synchronisationsstellen markieren
- Synchronisationsmaske ausfüllen

3) Teileprogramm und Darstellung aktualisieren

WZT0	WZT1	WZT2	WZT3	WZT4
410B8D0L0.5	320B8D22.1	C - FERTIG -	200B8D70F0	330B40P/DREH
415B8L-27.65	325B8D22.2F0		C - FERTIG -	335SYN/E14MP
420B8L10F0	C FREIGABE			
C - - - - - - - -	-E14MP1			
425B40P/HINT	F # E14MP1 ##			S # E14MP1 ##
430B7E/T090/	C - - - - - - - -			340B7M1S400
435B8L-2F0	390B40P/FREI			345B8D26L-6

Bild 7.3: Nutzeraktionen und Bildschirmoberfläche beim Einfügen einer Synchronisation

Ablauf für das Einfügen einer einseitigen Synchronisation

Ergebnisinformationen der Ablaufschritte

1) Synchronisationsstellen markieren — Stelle 1, Stelle 2

2) Synchronisationsmaske ausfüllen — Name: "E14MP1"; Typ: Einseitig; Freigebender WZT: 2

3) Synchronisationssätze einfügen
- E1) Neuen Bearbeitungssatz erzeugen
- E2) Bearbeitungssatz aktualisieren

Eingefügte Quellsätze: -E14MP1 335B8SYN* /E14MP1/

4) Bearbeitungsablauf aktualisieren
- A1) Quell-Bearbeitungsablauf aktualisieren
- A2) CLDATA-Bearbeitungsablauf aktualisieren

Generierte NC-Sätze
RID: □□□ ... □□□ ...
AN: N34Z7 N79H10Q1N34

5) Bearbeitungssimulation
- B1) Initialisierung
- B2) Verarbeitung
  - BS1) Ablauforientierte Synchronisationsabhandlung

Berechnete Zeiten der NC-Sätze:
N32 16,7s N78 15,6s
N33 24,8s
N34 25,3s N79 25,3s

6) Zeiten der Teileprogrammsätze aktualisieren

Zeiten der Quellsätze:
-E14MP1: 25,3s SYN/E14MP1/ 25,3s

7) Darstellung aktualisieren
- D1) Initialisierung
- D2) Darstellungserzeugung
  - DS1) Bezeichnungsorientierte Synchronisationsabhandlung

Darstellungszeilen:

WZT1	WZT4
325B8D22.2	SYN/E14MP1/
C FREIGA	
-E14MP1	
F # E14MP1	S # E14MP1
390B40P/FR	340B7M1S400

Bild 7.4: Ablauf beim Einfügen der Synchronisation

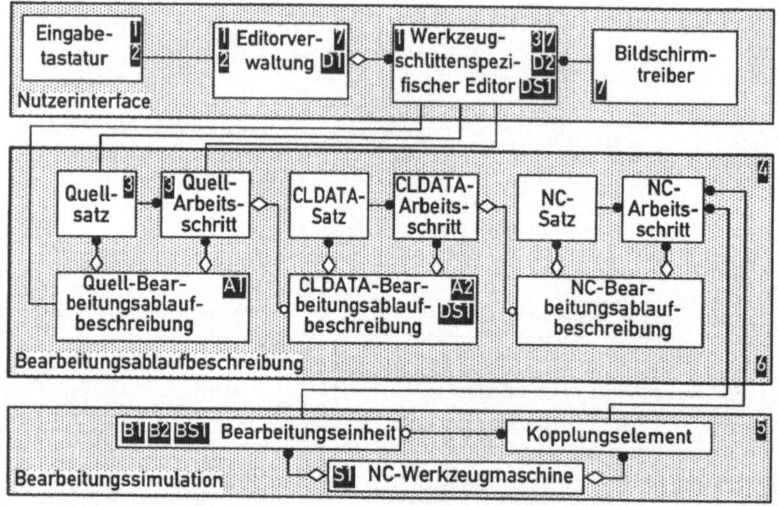

Bild 7.5: Objektstruktur mit Zuordnung der Ausführungsschritte

Damit eignet sich diese Darstellungsform auch am besten zur Erzeugung von Teileprogrammen, da geänderte Quellsätze ohne störende Antwortzeiten auf dem Bildschirm sofort aktualisiert werden. Die syntaktische und semantische Prüfung der eingegebenen Sätze bis zur Zustandsform .NC-Programm. erfolgt jedoch sofort nach der Eingabe, so daß diesbezügliche Fehleingaben sofort korrigiert werden können.
Besser geeignet bezüglich der Verifikation des Bearbeitungsablaufs ist die einzelsatzsynchronisierte Darstellung entsprechend Bild 7.7. Hier sind direkt zeitlich parallel laufende Teileprogrammsätze erkennbar und überprüfbar. Diese Darstellungsform basiert auf der Bearbeitungssimulation und ist damit in der Lage, aktuelle Zeiten der Einzelsätze mit darzustellen (im Bild linkes Fenster). Fehler im Synchronisationsablauf können sofort erkannt werden.

Im Bild gut zu erkennen sind auch die verschiedenen Synchronisationsverfahren, die unterstützt werden. Bei beidseitiger Synchronisation stehen in jedem beteiligten Werkzeugträger Teileprogrammangaben in der Form SYN/.../. Bei einseitiger Synchronisation wird die synchronisationsauflösende Seite mit einer Angabe in Form -/.../ festgelegt. Dabei können die Verfahren je nach ausgewählter Werkzeugmaschine im Ablauf beliebig verwendet werden. Dieses Darstellungsverfahren ist zur Teileprogrammerstellung weniger geeignet, da die Rechnerantwortzeiten durch die notwendige Bearbeitungssimulation pro Berechnungsablauf auf den verwendeten Rechnern im Sekundenbereich liegt (bis ca. 20 Sekunden, je nach Teileprogrammumfang). Diese Zeiten sind für die Teileprogrammerstellung nicht akzeptabel, so daß diese Darstellungsart hauptsächlich beim Optimieren und Verifizieren eingesetzt wird.

Zur übersichtlichen Visualisierung des gesamten Teileprogramms kann auch ein Balkendiagramm entsprechend Bild 6.6 Fall i eingeblendet werden (Bild 7.8). Dies visualisiert sehr schnell die Aufteilung des Bearbeitungsablaufs sowie Möglichkeiten zur Optimierung an den bearbeitungsfreien Stellen, erfordert jedoch ebenso die Bearbeitungssimulation.

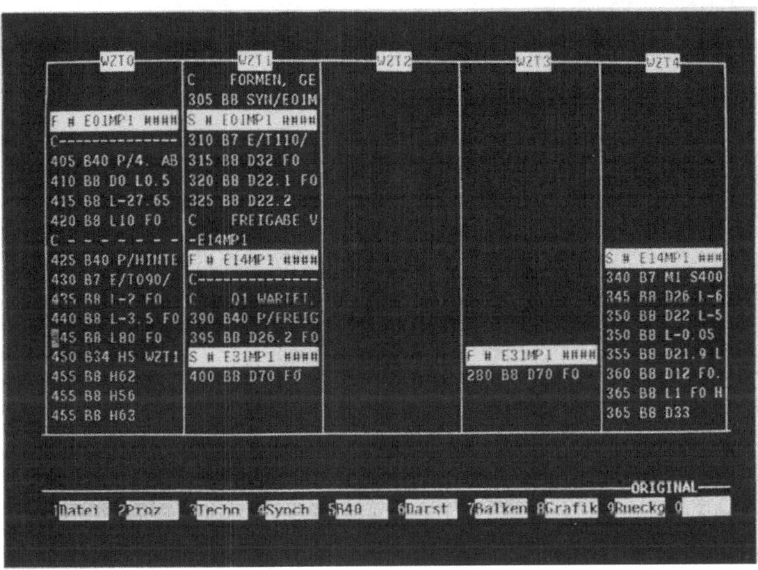

Bild 7.6: Blockweise synchronisierte Darstellung

Die Vorgehensweise zur schnellen Grobsynchronisation von Bearbeitungsabschnitten wird in Bild 7.9 dargestellt. In den Fenstern erscheinen nur noch Bearbeitungsabschnitte und eventuell gesetzte Feinsynchronisationen, d.h., Synchronisationen, die eventuell bereits vor der Optimierung innerhalb eines Bearbeitungsabschnitts definiert wurden. Diese Synchronisationsangaben können jedoch bei der Optimierung nur noch gelöscht werden. Diese Vorgehensweise zur Groboptimierung erlaubt es im Gegensatz zu anderen bekannten Vorgehensweisen, daß auch vor bereits gesetzten Synchronisationen weiter synchronisiert werden kann und keine Neuinitialisierung notwendig ist.

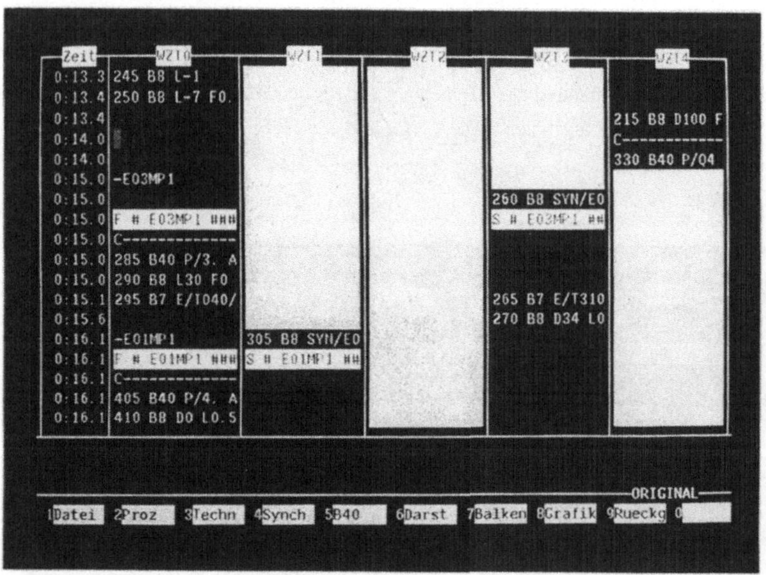

Bild 7.7: Einzelsatzsynchronisierte Darstellung.

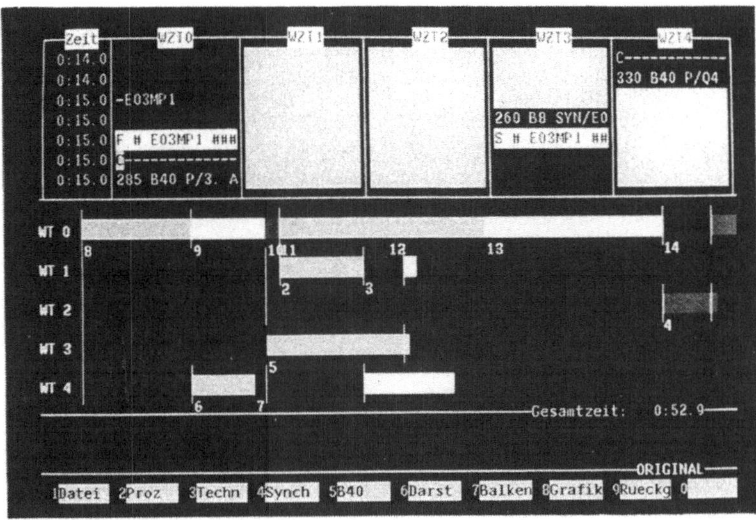

Bild 7.8: Balkendiagramm

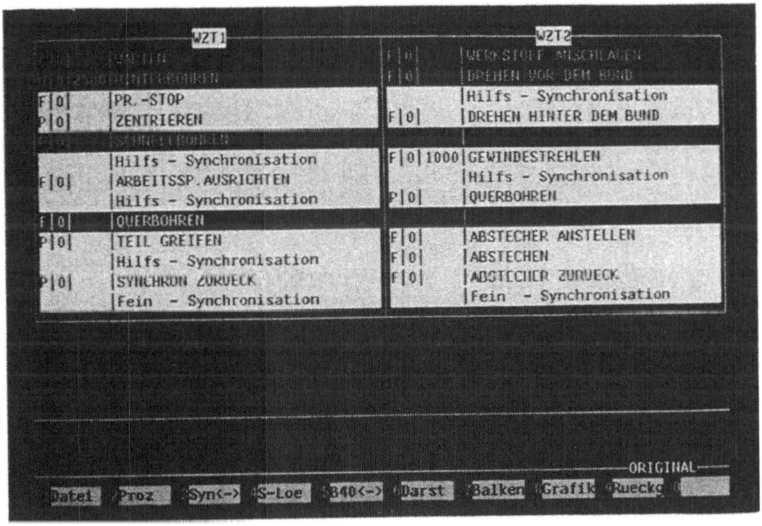

WZT1
F|0| |PR.-STOP
P|0| |ZENTRIEREN
|Hilfs - Synchronisation
F|0| |ARBEITSSP.AUSRICHTEN
|Hilfs - Synchronisation
F|0| |QUERBOHREN
P|0| |TEIL GREIFEN
|Hilfs - Synchronisation
P|0| |SYNCHRON ZURUECK
|Fein - Synchronisation

WZT2
|Hilfs - Synchronisation
F|0| |DREHEN HINTER DEM BUND
F|0|1000|GEWINDESTREHLEN
|Hilfs - Synchronisation
P|0| |QUERBOHREN
F|0| |ABSTECHER ANSTELLEN
F|0| |ABSTECHEN
F|0| |ABSTECHER ZURUECK
|Fein - Synchronisation

ORIGINAL
Datei Proz Syn<-> S-Loe B40<-> Darst Balken Grafik Rueckg

Bild 7.9: Ablauf zur Grobsynchronisation von Bearbeitungsabschnitten (hell hinterlegte Abschnitte sind gegenseitig synchronisiert)

8 Zusammenfassung

Dem Anwender von NC-Programmiersystemen fehlen derzeit zu der NC-Programmierung neuer Maschinenentwicklungen bei NC-Drehmaschinen Unterstützungsmöglichkeiten, die einen aufgabengerechten Informationsaustausch zwischen Mensch und Programmiersystem erlauben. Besonders bei der Programmierung parallel ablaufender Bearbeitungsvorgänge ist durch die bearbeitungsablauf-orientierte Vorgehensweise die direkte Kontrolle der eingegebenen Bearbeitungsvorschriften nur sehr schwer möglich, da keine Visualisierung des Ablaufs und der Synchronisation paralleler Bearbeitungsvorgänge angeboten wird. Auch werden Bearbeitungszeiten - wenn überhaupt - erst durch nachgeschaltete Verarbeitungsprozesse (Postprocessoren) ermittelt.

Optimierungsverfahren für Mehrschlittenbearbeitungen werden bisher nur in Form eigenständig ablaufender Funktionsbausteine als Ergänzung zu den bestehenden Grundprogrammierfunktionen angeboten. Sie ermöglichen die nachträgliche Aufteilung eines vorgegebenen Bearbeitungsablaufs auf die beteiligten Werkzeugträger. Diese Verfahren sind bisher auf zwei Werkzeugschlitten beschränkt und erlauben nur die Aufteilung kompletter Bearbeitungsabschnitte als kleinste Einheit. Die Feinoptimierung einzelner Bearbeitungsanweisungen ist mit ihnen nicht möglich, und bei der Zeitberechnung werden werkzeugmaschinenspezifische Eigenschaften nicht berücksichtigt.

Als Lösung wurde mit der vorliegenden Arbeit eine werkzeugträger-orientierte Vorgehensweise zur Programmerstellung entwickelt. Dabei kann auf Basis eines sequentiell aufgebauten Quellprogramms die Bearbeitungsdefinition in nach Werkzeugträgern getrennten Editoren vorgenommen werden. Unterstützt werden Visualisierungsmethoden, die den Bearbeitungsablauf auf den einzelnen Werkzeugträgern sowohl an Synchronisationsstellen als auch unter Berücksichtigung berechneter Zeiten entsprechend den Einzelsätzen synchronisiert darstellen. Änderungen im Quellprogramm werden sofort und nur an den erforderlichen Stellen aktualisiert, so daß der dargestellte Bearbeitungsablauf immer den gegebenen Zuständen entspricht. Dem Nutzer stehen damit Möglichkeiten offen, den Ablauf paralleler Bearbeitungsvorgänge bereits in der Phase der Programmerstellung optimierend zu beeinflussen. Wichtig für die Ermittlung möglichst realer Bearbeitungszeiten war die Auslegung der Zeitberechnung entsprechend maschinen- und steuerungsspezifischer Gegebenheiten.

Die Realisierung der entwickelten Programmiersystemstrukturen und Abläufe erforderte den Übergang von der Softwareentwicklung unter funktionsorientierten Gesichtspunkten hin zu einer objektorientierten Strukturierung und Modularisierung. Die objektorientierte Programmierung unterstützt den Aufbau vernetzter Strukturen, die zur schnellen Datenaktualisierung erforderlich sind. Vorhandene funktionsorientiert programmierte Module werden integriert und weiterverwendet. Dabei wird im Gegensatz zu bisher eingesetzten Vorgehensweisen nicht mehr das Verarbeitungsprogramm über konfigurierende, maschinen- und steuerungsspezifische Daten an das gewünschte Bearbeitungsumfeld unzureichend angepaßt. Vielmehr wird die angewählte NC-Werkzeugmaschine in Form von Objektinstanzen entsprechend ihrem Aufbau nachgebildet und steht damit als Basis für die werkzeugträgerorientierte Teileprogrammerstellung, die Teileprogrammverarbeitung und die Bearbeitungssimulation zur Verfügung.

Es ist Aufgabe zukünftiger Forschungsarbeiten, zu untersuchen, inwieweit Teileprogrammerstellung und Teileprogrammverarbeitung noch enger auf Basis der objektorientiert aufgebauten Werkzeugmaschine gestaltet und die bislang integrierten, imperativ programmierten Funktionen unter objektorientierten Gesichtspunkten neu betrachtet und in Form von Objektmethoden realisiert werden können. Der Nutzer erhält jedoch bereits jetzt mit diesem neuartigen Aufbau von Programmiersystemen eine erweiterte Unterstützung bezüglich der Teileprogrammerstellung, -optimierung und -verifikation für die Mehrschlittenbearbeitung.

9 Literaturverzeichnis

/ 1/	Rüter, W.	Simultandrehen und Werkstückkomplettbearbeitung. tz für Metallbearbeitung 80 (1986) H.6, S. 27...33.
/ 2/	Bühler, W.	Komplettbearbeitung auf CNC-Drehzentren. tz für Metallbearbeitung 81 (1987) H.2, S.49...55.
/ 3/	N.N.	INDEX GB65. Esslingen, INDEX-Werke KG Hahn u. Tessky 1991
/ 4/	Storr, A. Hofmeister, W. Reibetanz, Th.	Komplettarbeit - Mehrschlittendrehmaschinen programmieren mit anwendungsorientierten Systembausteinen. Maschinenmarkt 97 (1991) H.49, S. 68...74.
/ 5/	Hofmeister, W.	Neue Programmieraufgaben für moderne Drehzentren. Vortrag anläßlich des CIM-TT-Seminars 'Integrierte Arbeitsplanung, NC-Programmierung und Prozeßüberwachung' am 5. und 6.12.1990 in Chemnitz.
/ 6/	N.N.	System 200 - 2x2-Achsen-Optimierung. Programmieranleitung. Esslingen, INDEX-Werke KG Hahn u. Tessky 1991
/ 7/	N.N.	DUDEN Informatik. Mannheim, Wien, Zürich: Dudenverlag 1988
/ 8/	Grams, T.	Denkfallen beim objektorientierten Programmieren. Informationstechnik it 34 (1992) H.2, S. 102...112.
/ 9/	Koch, H.-J.	CNC-Simultandrehen und Komplettbearbeitung. Werkst. u. Betr. 119 (1986) H.9, S.779...782.

/10/	Kirchner, C. Wetzel, F.	NC-gesteuerte Simultanbearbeitung bei Mehrachssystemen. wt-Z.ind.Fertig. 75 (1985) H.11, S.675...678.
/11/	Hohwieler, E. Michl, H.-J. Wirth, H.	Einsatz der Rundachse für die Komplett-bearbeitung auf CNC-Drehmaschinen. ZwF 8 (1988) H.2, S. 345...346.
/12/	Lederer, R. Holderle, R.	Zeitgewinn durch Komplettbearbeitung. mav 12 (1990) H.8, S. 30...31.
/13/	Jascht, G.	Komplettbearbeitung auf CNC-Drehmaschinen. Werkst. u. Betr. 122 (1989) H.8, S. 621...624.
/14/	Lederer, R.	Programmierung von NC-Drehmaschinen mit mehreren Werkzeugschlitten. Berlin, Heidelberg, New York, Tokyo: Springer Verlag, 1988.
/15/	DIN 66025	Programmaufbau für numerisch gesteuerte Arbeitsmaschinen. Teil 1, Teil 2, September 1988.
/16/	Storr, A.	Programmieren von NC-Maschinen. wt-Z.ind. Fertig. 73 (1983) H.1, S. 29...39.
/17/	Herrscher, A. Walter, W.	Unterschiedliche Maschinen mit einem System programmieren. Werkstatt und Betrieb 123 (1990) H.2, S. 113...117.
/18/	N.N.	INDEX-System-200, Sprachbeschreibung. Esslingen: INDEX-Werke KG, 1991.

/19/ Storr, A. — CAM, CAP, CAD/NC-Automatisierung des technischen Informationsflusses I. (Vorlesungsmanuskript) Universität Stuttgart WS 1990/91.

/20/ DIN 66215 — CLDATA, Teil 1, Teile 2, Mai 1977.

/21/ Storr, A. Hofmeister, W. Zirbs, J. — CAD/NC-Programmiersystemkopplung - Probleme und deren Lösungen. tz für Metallbearbeitung 81 (1987) H. 1/2, S. 33...37.

/22/ Mielcarek,A. Kram, W. — Anwendungsorientiertes Schnittstellensystem zur CAD/NC-Kopplung. ZwF 80 (1985) H. 11, S. 492...494.

/23/ Walter, W. Hofmeister, W. — Universeller CAD/NC-Kopplungsbaustein für NC-Programmiersysteme. wt-Z.ind.Fertig. 77 (1987) H.3, S. 129...133.

/24/ Hofmeister, W. Reibetanz, T. — Toleranzverrechnung im Rahmen der CAD/NC-Programmiersystemkopplung. Ind.-Anz. 111 (1989) H.30, S. 54...55.

/25/ Herrscher, A. Walter, W. — Durchgängiges CAD-NC-BDE-System für Drehzellen. wt-Z.ind.Fertig. 77 (1987) S. 419...423.

/26/ Walter, W. Lederer, R. — Ausbau eines Programmiersystems zur Dialogfähigkeit. wt-Z.ind.Fertig. 74 (1984) H.12, S. 743..746.

/27/ Liu, F. — Ein neues werkstatt-orientiertes Programmiersystem steigert die betriebliche Flexibilität. Werkstatt und Betrieb 122 (1989) Nr.8, S. 617...620.

/28/ Liese, S. — Das Verbundprojekt "Werkstattorientierte Programmierverfahren" (WOP). wt-Z.ind.Fertig. 77 (1987) H.1, S. 15.

/29/ Hammer, H.; Potthast, A. — Graphisch dynamische Simulation für die Bohr- und Fräsbearbeitung. ZwF 80 (1985) H.9, S. 372 ... 378.

/30/ Krause, F.-L.; Germer, H.-J.; Rieger, R.; Trebo, D. — 3D-CAD-Bausteine für die Simulation von Bearbeitungsabläufen. ZwF 85 (1990) H.8, S. 435...438.

/31/ Milberg, J.; Schrüfer, N. — Graphische 3D-Simulation der NC-Bearbeitung. wt-Z.ind.Fertig. 78 (1888) H.10, S. 305...309

/32/ Hirsch, B.; Sheng, X. — Realistische Simulation mehrachsiger NC-Bearbeitungsvorgänge. ZwF 85 (1990) H.10, S. 541...545.

/33/ Müller, P.; Baeck, B.; Schmidt, W. — Maschinennahe 3-D-Simulation von Bearbeitungsvorgängen. wt-Z.ind.Fertig. 76 (1886) H.10, S. 625...628.

/34/ N.N. — EXAPT-Sprachbeschreibung. Aachen: EXAPT-Verein, 1988.

/35/ Schumann, H.G. — Turbo Borland C++ Bonn, München, Reading: Addison-Wesley, 1991

/36/ Engel, R. — Objektorientierte Programmierung Haar bei München: Markt und Technik-Verlag, 1990

/37/ Becker, H. — Objektorientierte Softwareentwicklung. Informationstechnik it 34 (1992) H.2, S. 92...101.

/38/ N.N. — Dubbel - Taschenbuch für den Maschinenbau. Berlin, Heidelberg, New York, Tokyo: Springer Verlag, 1990.

/39/ DIN 66246 — Processoreingabesprache. Oktober 1983.

/40/ Baldus, H.; Zillich, L. — Dynamische Modifikation von Programmen. Informationstechnik it 34 (1992) H.2, S. 83...91.

/41/ Scheifele, D. — Grafisch dynamische Simulation des Bearbeitungsvorgangs für Doppelschlittendrehmaschinen. Berlin, Heidelberg, New York, Tokyo: Springer Verlag, 1988.

/42/ Schmidt, W. — Grafikunterstütztes Simulationssystem für komplexe Bearbeitungsvorgänge in numerischen Steuerungen. Berlin, Heidelberg, New York, Tokyo: Springer Verlag, 1988.

/43/ Herrscher, A.; Weser, A.; Kayser, K.-H.; Scheifele, D. — Grafische Simulation von Doppelschlittenbearbeitung auf Drehmaschinen. wt-Z.ind.Fertig. 75 (1985) H.6, S. 363...366.

/44/ Wirfs-Brock,R.; Wilkerson, B.; Wiener, L. — Designing Object-Oriented Software. New York: Prentice Hall, 1990.

/45/ DIN ISO 7498 — Kommunikation offener Systeme. April 1991.

/46/ Spur, G.; Knupfer, S.; Schüle, A. — Simulationssysteme und die Konstruktion von Werkzeugmaschinen. ZwF 85 (1990) 4, S. 184...185.

/47/	Rumbaugh, J. Blaha, M. Premerlani, W. Eddy, F.	Object-oriented Modelling and Design New York: Prentice Hall, 1991.

ISW Forschung und Praxis

Berichte aus dem Institut für Steuerungstechnik der Werkzeugmaschinen und Fertigungseinrichtungen der Universität Stuttgart

Herausgegeben bis Band 57 von Prof. Dr.-Ing. G. Stute †
ab Band 58 Prof. Dr.-Ing. G. Pritschow

1 D. Schmid, Numerische Bahnsteuerung, 89 S., 1973

2 H. Schwegler, Fräsbearbeitung gekrümmter Flächen, 111 S., 1972

3 J. Eisinger, Numerisch gesteuerte Mehrachsenfräsmaschinen, 90 S., 1972

4 R. Nann, Rechnersteuerung von Fertigungseinrichtungen, 125 S., 1972

5 G. Augsten, Zweiachsige Nachformeinrichtungen, 140 S., 1972

6 B. Karl, Die Automatisierung der Fertigungsvorbereitung durch NC-Programmierung, 121 S., 1972

7 H. Eitel, NC-Programmiersystem, 117 S., 1973

8 E. Knorr, Numerische Bahnsteuerung zur Erzeugung von Raumkurven auf rotationssymetrischen Körpern, 131 S., 1973

9 S. Bumiller, Viskohydraulischer Vorschubantrieb, 123 S., 1974

10 K. Maier, Grenzregelung an Werkzeugmaschinen, 139 S., 1974

11 J. Waelkens, NC-Programmierung, 159 S., 1974

12 E. Bauer, Rechnerdirektsteuerung von Fertigungseinrichtungen, 138 S., 1975

13 H. König, Entwurf und Strukturtheorie von Steuerungen für Fertigungseinrichtungen, 206 S., 1976

14 H. Damsohn, Fünfachsiges NC-Fräsen, 143 S., 1976

15 H. Jetter, Programmierbare Steuerungen, 141 S., 1976

16 H. Henning, Fünfachsiges NC-Fräsen gekrümmter Flächen, 179 S., 1976

17 K. Boelke, Analyse und Beurteilung von Lagesteuerungen für numerisch gesteuerte Werkzeugmaschinen, 106 S., 1977

18 F.-R. Götz, Regelsystem mit Modellrückkopplung für variable Streckenverstärkung, 116 S., 1977

19 H. Tränkle, Auswirkungen der Fehler in den Positionen der Maschinenachsen beim fünfachsigen Fräsen, 103 S., 1977

20 P. Stof, Untersuchungen über die Reduzierung dynamischer Bahnabweichungen bei numerisch gesteuerten Werkzeugmaschinen, 118 S., 1978

21 R. Wilhelm, Planung und Auslegung des Materialflusses flexibler Fertigungssysteme, 158 S., 1978

22 N. Kappen, Entwicklung und Einsatz einer direkten digitalen Grenzregelung für eine Fräsmaschine mit CNC, 123 S., 1979

23 H. G. Klug, Integration automatisierter technischer Betriebsbereiche, 124 S., 1978

24 D. Binder, Interpolation in numerischen Bahnsteuerungen, 132 S., 1979

25 O. Klingler, Steuerung spanender Werkzeugmaschinen mit Hilfe von Grenzregeleinrichtungen (ACC), 124 S., 1979

26 L. Schenke, Auslegung einer technologisch-geometrischen Grenzregelung für die Fräsbearbeitung, 113 S., 1979

27 H. Wörn, Numerische Steuersysteme-Aufbau und Schnittstellen eines Mehrprozessorsteuersystems, 141 S., 1979

28 P. B. Osofisan, Verbesserung des Datenflusses beim fünfachsigen NC-Fräsen, 104 S., 1979

29 J. Berner, Verknüpfung fertigungstechnischer NC-Programmiersysteme, 101 S., 1979

30 K.-H. Böbel, Rechnerunterstützte Auslegung von Vorschubantrieben, 113 S., 1979

31 W. Dreher, NC-gerechte Beschreibung von Werkstücken in fertigungstechnisch orientierten Programmiersystemen, 105 S., 1980

32 R. Schurr, Rechnerunterstützte Projektsteuerung hydrostatischer Anlagen, 115 S., 1981

33 W. Sielaff, Fünfachsiges NC-Umfangfräsen verwundener Regelflächen. Beitrag zur Technologie und Teileprogrammierung, 97 S., 1981

34 J. Hesselbach, Digitale Lageregelung an numerisch gesteuerten Fertigungseinrichtungen, 111 S., 1981

35 P. Fischer, Rechnerunterstützte Erstellung von Schaltplänen am Beispiel der automatischen Hydraulikplanzeichnung, 111 S., 1981

36 U. Ackermann, Rechnerunterstützte Auswahl elektrischer Antriebe für spanende Werkzeugmaschinen, 118 S., 1981

37 W. Döttling, Flexible Fertigungssysteme – Steuerung und Überwachung des Fertigungsablaufs, 105 S., 1981

38 J. Firnau, Flexible Fertigungssysteme – Entwicklung und Erprobung eines zentralen Steuersystems, 112 S., 1982

39 A. Herrscher, Flexible Fertigungssysteme – Entwurf und Realisierung prozeßnaher Steuerungsfunktionen, 103 S., 1982

40 U. Spieth, Numerische Steuersysteme – Hardwareaufbau und Ablaufsteuerung eines Mehrprozessorsteuersystems, 115 S., 1982

41 A. Schimmele, Rechnerunterstützter Entwurf von Funktionssteuerungen für Fertigungseinrichtungen, 106 S., 1982

42 M. Sanzenbacher, NC-gerechte Beschreibung von Werkstücken mit gekrümmten Flächen, 105 S., 1982

43 W. Walter, Interaktive NC-Programmierung von Werkstücken mit gekrümmten Flächen, 112 S., 1982

44 J. Huan, Bahnregelung zur Bahnerzeugung an numerisch gesteuerten Werkzeugmaschinen, 95 S., 1982

45 H. Erne, Taktile Sensorführung für Handhabungseinrichtungen – Systematik und Auslegung der Steuerungen, 111 S., 1982

46 D. Plasch, Numerische Steuersysteme – Standardisierte Softwareschnittstellen in Mehrprozessor-Steuersystemen, 112 S., 1983

47 Z. L. Wang, NC-Programmierung – Maschinennaher Einsatz von fertigungstechnisch orientierten Programmiersystemen, 103 S., 1983

48 J. Schwager, Diagnose steuerungsexterner Fehler an Fertigungseinrichtungen, 121 S., 1983

49 P. Klemm, Strukturierung von flexiblen Bediensystemen für numerische Steuerungen, 113 S., 1984

50 W. Runge, Simulation des dynamischen Verhaltens elektrohydraulischer Schaltungen – Einsatz von geräteorientierten, universellen Simulationsbausteinen, 132 S., 1984

51 H. Steinhilber, Planung und Realisierung von Werkzeugversorgungssystemen für die NC-Bearbeitung, 126 S., 1984

52 R. Ohnheiser, Integrierte Erstellung numerischer Steuerdaten für flexible Fertigungssysteme, 115 S., 1984

53 M. Keppeler, Führungsgrößenerzeugung für numerisch bahngesteuerte Industrieroboter, 125 S., 1984

54 P. Kohler, Automatisiertes Messen mit NC-Werkzeugmaschinen, 129 S., 1985

55 K.-H. Rieger, Rechnerunterstützte Projektierung der Hardware und Software von Speicherprogrammierten Steuerungen, 123 S., 1985

56 G. Vogt, Digitale Regelung von Asynchronmotoren für numerisch gesteuerte Fertigungseinrichtungen, 126 S., 1985

57 S. Chmielnicki, Flexible Fertigungssysteme – Simulation der Prozesse als Hilfsmittel zur Planung und zum Test von Steuerprogrammen, 120 S., 1985

58 W. Renn, Struktur und Aufbau prozeßnaher Steuergeräte zur Verkettung in flexiblen Fertigungssystemen, 137 S., 1986

59 K. Harig, Quantisierung im Lageregelkreis numerisch gesteuerter Fertigungseinrichtungen, 113 S., 1986

60 H. Frank, Programmier- und Überwachungsfunktionen für teileartbezogene NC-Werkzeugmaschinen, 115 S., 1986

61 H. Möller, Integrierte Überwachungs- und Diagnose-Systeme für numerische Steuerungen, 131 S., 1986

62 H. Fink, Einsatz speicherprogrammierbarer Steuerungen in der Fertigungstechnik, 126 S., 1986

63 J. Fleckenstein, Zustandsgraphen für SPS – Grafikunterstützte Programmierung und steuerungsunabhängige Darstellung, 139 S., 1987

64 E. Wagner, Steuerungen von Koordinatenmeßgeräten mit schaltenden und messenden Tastsystemen, 133 S., 1987

65 W. Grimm, Diagnosesystem für steuerungsperiphere Fehler an Fertigungseinrichtungen, 143 S., 1987

66 W. Swoboda, Digitale Lageregelung für Maschinen mit schwach gedämpften schwingungsfähigen Bewegungsachsen, 141 S., 1987

67 G. Gruhler, Sensorgeführte Programmierung bahngesteuerter Industrieroboter, 119 S., 1987

68 B. Walker, Konfigurierbarer Funktionsblock Geometriedatenverarbeitung für numerische Steuerungen, 125 S., 1987

69 J. Mayer, Werkzeugorganisation für flexible Fertigungszellen und -systeme, 126 S., 1988

70 R. Lederer, Programmierung von NC-Drehmaschinen mit mehreren Werkzeugschlitten, 120 S., 1988

71 G. Häberle, NC-Musterprogrammierung für die rechnerintegrierte Textilfertigung, 127 S., 1988

72 D. Pfeiffer, Kompensation thermisch bedingter Bearbeitungsfehler durch prozeßnahe Qualitätsregelung, 135 S., 1988

73 W. Schmidt, Grafikunterstütztes Simulationssystem für komplexe Bearbeitungsvorgänge in numerischen Steuerungen, 141 S., 1988

74 M. Egner, Hochdynamische Lageregelung mit elektrohydraulischen Antrieben, 147 S., 1988

75 W. Schittenhelm, Konfigurierbares Bedienungssystem für Steuerungen an Fertigungseinrichtungen, 136 S., 1988

76 D. Scheifele, Grafisch dynamische Simulation des Bearbeitungsvorgangs für Doppelschlittendrehmaschinen, 121 S., 1988

77 G. Keuper, Automatisierte Identifikation der Streckenparameter servohydraulischer Vorschubantriebe, 152 S., 1989

78 K.-H. Kayser, Kollisionserkennung in numerischen Steuerungen mit der Distanzfeldmethode, 131 S., 1989

79 R. Viefhaus, Fräsergeometriekorrektur in Numerischen Steuerungen, 157 S., 1989

80 J. Zirbs, Fertigungsgerechte Aufbereitung von Flächenverbänden bei der NC-Programmierung im Formenbau, 130 S., 1989

81 W. Ruoff, Optische Sensorsysteme zur On-line-Führung von Industrierobotern, 123 S., 1989

82 M. Jantzer, Bahnverhalten und Regelung fahrerloser Transportsysteme ohne Spurbindung, 131 S., 1990

83 H. Schumacher, Einheitliche Programmierung von Automatisierungskomponenten roboterbestückter Bearbeitungs- und Montagezellen, 116 S., 1991

84 J. Schimonyi, NC-Programmierung für das Werkzeugschleifen, 122 S., 1991

85 K.-H. Wurst, Flexible Robotersysteme – Konzeption und Realisierung modularer Roboterkomponenten, 164 S., 1991

86 R. Hagl, Erhöhung der Verfügbarkeit von Vorschubantrieben mit selbstanpassender Lageregelung, 126 S., 1991

87 G. Krebser, Betriebssystem für NC mit einheitlichen Schnittstellen, 130 S., 1992

88 W.-T. Lei, Flächenorientierte Steuerdatenaufbereitung für das fünfachsige Fräsen, 134 S., 1992

89 G. Diehl, Steuerungsperipheres Diagnosesystem für Fertigungseinrichtungen auf Basis überwachungsgerechter Komponenten, 140 S., 1992

90 U. Nepustil, Offene NC-Schnittstellen zur Korrektur von Fertigungsfehlern, 133 S., 1992

91 M. Bauder, Konfigurierbare Robotersteuerung mit allgemeiner Transformation, 120 S., 1992

92 W. Philipp, Regelung mechanisch steifer Direktantriebe für Werkzeugmaschinen, 118 S., 1992

93 G. M. Härdtner, Wissensstrukturierung in Diagnoseexpertensystemen für Fertigungseinrichtungen, 135 S., 1992

94 H. Wiedmann, Objektorientierte Wissensrepräsentation für die modellbasierte Diagnose an Fertigungseinrichtungen, 151 S., 1993

95 H. Rudloff, Hochgenaue Konturerzeugung bei Bewegungsachsen mit einer dominanten mechanischen Resonanzstelle, 151 S., 1993

96 K. Brantner, Adaptierbares Leitsteuerungssystem für flexible Produktionssysteme, 142 S., 1993

97 W. Kugler, Kommunikationsmechanismen für offene Numerische Steuerungssysteme, 136 S., 1994

98 B. Schnurr, Elektrodynamisches Antriebssystem zur Unrundbearbeitung 175 S., 1994

99 J. Schneider, Fehlerreaktion mit Speicherprogrammierbaren Steuerungen – ein Beitrag zur Fehlertoleranz, 117 S., 1994

100 U. Siewert, Systematische Erstellung adaptierbarer Leitsteuerungssoftware am Beispiel der Durchsetzungsplanung, 155 S., 1994

101 G. F. J. Heger, Maschinenferner Qualitätsregelkreis in flexiblen Fertigungssystemen, 134 S., 1994

102 W. Hofmeister, Objektorientiert strukturiertes Programmiersystem für NC-Mehrschlittendrehmaschinen, 113 S., 1994

Die Bände ISW 1 bis ISW 82 sind vergriffen.

Die Bände sind im Erscheinungsjahr und in den folgenden drei Kalenderjahren zu beziehen durch den örtlichen Buchhandel oder durch Lange & Springer, Otto-Suhr-Allee 26-28, 10585 Berlin.